Daniel Jacob

Avaliação da população e do habitat do guenon de Sclater em Itam, Nigéria

Daniel Jacob

Avaliação da população e do habitat do guenon de Sclater em Itam, Nigéria

ScienciaScripts

Imprint

Any brand names and product names mentioned in this book are subject to trademark, brand or patent protection and are trademarks or registered trademarks of their respective holders. The use of brand names, product names, common names, trade names, product descriptions etc. even without a particular marking in this work is in no way to be construed to mean that such names may be regarded as unrestricted in respect of trademark and brand protection legislation and could thus be used by anyone.

Cover image: www.ingimage.com

This book is a translation from the original published under ISBN 978-3-659-91960-2.

Publisher:
Sciencia Scripts
is a trademark of
Dodo Books Indian Ocean Ltd. and OmniScriptum S.R.L publishing group

120 High Road, East Finchley, London, N2 9ED, United Kingdom
Str. Armeneasca 28/1, office 1, Chisinau MD-2012, Republic of Moldova, Europe
Managing Directors: Ieva Konstantinova, Victoria Ursu
info@omniscriptum.com

Printed at: see last page
ISBN: 978-620-2-77996-8

ÍNDICE DE CONTEÚDOS

DEDICAÇÃO...2

AGRADECIMENTOS 3

RESUMO 4

CAPÍTULO 1 5

CAPÍTULO 2 10

CAPÍTULO 3 29

CAPÍTULO 4 39

CAPÍTULO 5 76

REFERÊNCIAS 83

APÊNDICES 92

DEDICAÇÃO

Este trabalho de investigação é dedicado à minha família.

AGRADECIMENTOS

Um agradecimento especial ao meu Supervisor, Dr. Edem A. Eniang e a todo o conselho da aldeia da comunidade de Ikot Uso Akpan pela sua contribuição, cooperação, tolerância e dedicação para o sucesso do meu trabalho de investigação. Quero também agradecer ao meu chefe de departamento, Dr. Samuel I. Udofia, e a todos os professores, incluindo o Professor E. S. Udo, Dr. O. Olajide, Dr. I. N. Akpan-Ebe, Dr. M. Offiong, Dr. H. Ijeomah, Dr. S. Ajayi, Dr. D. Ogar, Dr. Val. Attah, Dr. A. Erakhrumen, Dr. Out Ibor, Dr. Aremu, Sr. P. W. Owoh, Sr. E. C. Egwali, Sr. E. E. Ukpong, Sr. I. Etuk, Sr. E. Etigale, Sr. Koko Daniel e todo o pessoal tecnológico e não académico pelo seu inestimável apoio e contribuições que conduziram ao sucesso deste estudo. É digno de registo o apoio da minha querida esposa, Sra. Unique Daniel Jacob, e a ajuda que me foi dada por toda a minha família e amigos. Que Deus vos recompense.

Acima de tudo, agradeço a Deus por me ter sustentado ao longo deste estudo.

RESUMO

Este estudo teve como objetivo fornecer informações sobre a densidade e estrutura populacional do guenon de Sclater *(Cercopithecus sclateri)*, incluindo a estrutura da vegetação da floresta comunitária. Foi utilizado o método de amostragem por distância para o levantamento da população e duas parcelas de amostragem (50m X 50m e 70m X 50m) para avaliar a estrutura da vegetação da área de estudo. Para a análise dos dados, foram utilizadas estatísticas descritivas, o teste T de Student e o teste do Qui-quadrado. Também foram utilizados programas informáticos (Tree Draw e Stand Visualization System (SVS)) para a análise da vegetação. Os resultados obtidos mostraram que foi observada uma maior contagem *de Cercopithecus sclateri* na estação das chuvas do que na seca. No entanto, a precisão percentual para a contagem do grupo (8,30%) e do local (10,45%) para o levantamento na estação seca foi menor do que na estação chuvosa. Além disso, o avistamento dentro da largura de 0-20m da linha de transecto foi maior na estação chuvosa do que na estação seca. Estatisticamente, não houve diferença significativa entre os dados do censo obtidos para o levantamento da estação seca e chuvosa de *Cercopithecus sclateri* no local de estudo (p > 0,05 e p > 0,10), exceto para as diferenças nas distâncias perpendiculares entre a estação seca e chuvosa, que foram significativamente diferentes (p < 0,05 e p < 0,10). A população adulta na área de estudo não foi significativamente diferente ao longo do período (p > 0,05 e p > 0,10), enquanto a população juvenil foi significativamente diferente ao longo do período (p < 0,10). Na avaliação da vegetação, foi enumerado um total de 72 espécies de árvores pertencentes a 20 famílias. A degradação do habitat na área de estudo teve um impacto negativo na estrutura populacional das espécies de primatas na área de estudo. São urgentemente necessárias medidas adequadas para restaurar e conservar o fragmento florestal, a fim de garantir a sobrevivência das espécies de primatas endémicas na área de estudo.

CAPÍTULO 1

INTRODUÇÃO

1.1Antecedentes do estudo

Os ecossistemas tropicais contêm uma grande parte da biodiversidade mundial (Sohdi, Kohl, Brook e Ng, 2004; Quinten, 2008). Embora constituam apenas cerca de sete por cento da superfície terrestre mundial, as florestas tropicais albergam mais de cinquenta por cento de todas as espécies vegetais e animais existentes (Donohoe, 2003). Devido à exploração extensiva dos recursos naturais, a região está sujeita a uma forte pressão de destruição rápida e generalizada do habitat, o que constitui uma ameaça constante para o biota local (Lawrence, 1997). A modificação do ecossistema pela ação humana tem, portanto, ameaçado a biodiversidade à escala global (Cowlishaw, 1999; Cowlishaw e Dunbar, 2000; Chapman e Peres, 2001). Um relatório da Organização para a Alimentação e a Agricultura citado por Ettah (2008) indica que os países tropicais estão a perder 127 300 km² de área florestal por ano. Este valor não inclui a vasta área explorada seletivamente, que se estima abranger 55 000 km² (Chapman e Lambert, 2000; Bennett, 2000). Em África, a desflorestação é um problema grave e o habitat natural (por exemplo, a floresta tropical de planície) é destruído a uma taxa relativa superior à de outras regiões tropicais (Archad, Eva, Stibig, Mayaux, Gallego, Richards e Mailingreau, 2002). Além disso, prevê-se que a continuação ininterrupta da destruição das florestas tropicais resultará na perda de cerca de três quartos do coberto florestal original até ao virar do próximo século (Archad, Eva, Stibig, Mayaux, Gallego, Richards e Mailingreau, 2002). A questão é particularmente grave porque os trópicos são a região do mundo com a classificação mais elevada em termos de riqueza de espécies e endemismo (Mittermeier, Myers, Gill e Mittermeier, 1997; Myers, Mittermeier, Mittermeier, Da Fonsa e Kent, 2000) e mais de quarenta e dois por cento (42%) da sua biodiversidade poderá perder-se (Sohdi, Kohl, Brook e Ng, 2004). No entanto, a biodiversidade é o próprio fundamento da existência humana, pois constitui o recurso do qual praticamente toda a gente depende, pelo que a sua conservação se torna muito pertinente (Groves, 2000).

Em África, a Nigéria é o país com maior diversidade biológica e ocupa o segundo lugar em termos de endemismo de primatas no mundo (Mittermeier e Cheney, 1987; Grubb, Oates, White e Tooze, 2000; Egwali, King, Eniang e Obot, 2005). Apesar deste estatuto importante em termos de diversidade de primatas, o ambiente nigeriano está atualmente exposto a forças de perda e dizimação de espécies em resultado de perturbações antropogénicas resultantes da urbanização, agricultura, desflorestação, industrialização, bem como de outras actividades diversas (Eniang, 2001; Eniang e Ebin, 2002; Egwali, King, Eniang e Obot, 2005). Consequentemente, muitas espécies de mamíferos, especialmente os primatas, estão atualmente ameaçadas a vários níveis que são prejudiciais à sua sobrevivência contínua. Segundo Egwali *et al.* (2005), a escalada da crise da carne de animais selvagens agravou a situação, conduzindo assim ao "síndroma da floresta vazia", como é evidente no alegado desaparecimento do macaco Columbus vermelho de Waldron *(Procolobus badius waldronii)* das florestas do Gana e da Costa do Marfim (Angelici, Luiselli, Politano e Akani, 1999; Revkin, 2000). Tendo em conta o que precede, a maioria das espécies de primatas no país está ameaçada ou classificada como vulnerável, em perigo ou criticamente em perigo na *Lista Vermelha de Espécies Ameaçadas* da IUCN (IUCN, 2011).

O guenon de Sclater *(Cercopithecus sclateri* Pocock, 1904; nome local (Itam): Adiaha awah Itam) é um dos primatas do continente africano criticamente ameaçados de extinção (Egwali, King, Eniang e Obot, 2005; Wikipedia.org, 2011). Foi classificada entre as espécies africanas mais ameaçadas e considerada uma das espécies de maior prioridade para acções de conservação entre os taxa de primatas africanos (Oates, 1994; 1994, Tooze, 1994a, b, 1995). É também o mais ameaçado dos guenons africanos (Oates e Anadu, 1989). A espécie de Sclater, que foi elevada do estatuto de subespécie de *Cercopithecus erythrotis sclateri* para o estatuto de espécie completa em 1980, é uma das mais recentes adições à lista de espécies da Nigéria (Grove, 1993; Grubb *et al.,* 2000). Trata-se de uma espécie endémica com uma área de distribuição restrita, ocorrendo apenas a oeste do baixo rio Níger e entre os sistemas do Níger e do rio Cross (Oates, 1994; Happoid, 1987; Tooze, 1994a).

Os guenons têm um grupo social de várias fêmeas e machos e são ativamente arborícolas e diurnos, deslocando-se muito em busca de alimento. São altamente adaptáveis, o que explica a sua sobrevivência contínua em habitats degradados dentro da sua área de distribuição natural (Egwali, King, Eniang e Obot, 2005). Foi registada uma pequena população isolada de *Cercopithecus sclateri* na eco-região do Delta do Níger e territórios adjacentes (Oates, Anadu, Gadsby e Werre, 1992; Oates, Bergl e Linder, 2004; Tooze, 1995; Rowe, 1996). O habitat natural mais elevado e mais intacto onde ocorre o guenon de Sclater é a Reserva Florestal de Stubb's Creek do Estado de Akwa Ibom (Gadsby, 1987).

1.2 Declaração do problema

Na Nigéria, a utilização humana de fragmentos florestais e os consequentes impactos ecológicos nas espécies de primatas são por vezes ignorados. A maioria dos fragmentos disponíveis não está protegida; existem em terras privadas e são utilizados pelos proprietários das terras . Assim, os fragmentos mudam de estrutura e composição à medida que os proprietários utilizam a floresta para agricultura, extração de lenha e madeira ou permitem a regeneração de terras em pousio. Este facto não tem sido apreciado, em parte porque a maioria dos estudos é geralmente realizada em fragmentos que estão protegidos (Tutin, White, William, Fernandez e McPherson, 1997; Tutin, 1999). Embora os efeitos teóricos do isolamento do habitat e do tamanho da fragmentação nas espécies de primatas sejam bem conhecidos (Hanski, 1994; Hanski e Gilpin, 1997), os seus efeitos em *C. sclateri* raramente são estudados. Quando existem, é geralmente reconhecido que a fragmentação contínua do habitat da espécie teve um efeito prejudicial na sobrevivência da espécie (Oates e Anadu, 1989; Egwali, King, Eniang e Obot, 2005). Por conseguinte, este estudo visa fornecer novos dados sobre a população da espécie (guenon de Sclater), a área de distribuição, o perfil arbóreo da área de estudo e a taxa de degradação florestal na área de estudo, de modo a poderem ser utilizados como base para a elaboração de um plano de gestão ou de estratégias e acções específicas para a conservação da espécie endémica na área de estudo.

1.3 Objectivos do estudo
1.3.1 Objetivo geral
O objetivo geral do estudo é avaliar a estrutura do habitat e o estado da população de *C. sclateri* na floresta comunitária de Ikot Uso Akpan.

1.3.2 Objectivos específicos

Os objectivos específicos do estudo são os seguintes

i. Estimar a densidade populacional de *C. sclateri* na área de estudo;

ii. Examinar a estrutura populacional da espécie em termos de categorias de adultos e juvenis;

iii. Examinar a estrutura da vegetação e a densidade populacional das árvores constituintes na área de estudo.

1.4 Justificação do estudo

Os primatas estão entre os mamíferos tropicais mais conspícuos que são utilizados como indicadores para detetar perturbações de baixo nível numa propriedade florestal (Egwali, King, Eniang e Obot, 2005). Muitos são susceptíveis de serem atacados por seres humanos e evitam as actividades humanas nas florestas. São também indicadores da atividade de caça na floresta tropical (Peres, 1990). Uma investigação recente sobre a crise da carne de animais selvagens na África Ocidental (Eves e Bakarr, 2001) mostrou que muitas espécies de primatas são caçadas e várias delas, incluindo o chimpanzé ocidental *(Pan troglodytes),* o macaco Diana *(Cercopithecus diana),* o Colobus vermelho *(Colobus badius)* e várias espécies de Mangabey *(Cercocebus spp),* são afectadas negativamente. Na Nigéria, os primatas são gravemente afectados a nível local, mesmo em regiões relativamente pristinas (Peres, 1990; 1999; Mittermeier, Myers, Gill e Mittermeier, 1997). Por conseguinte, as tendências da abundância relativa de uma espécie de primata ao longo do tempo servem de indicador dos níveis de perturbação na vegetação que não podem ser detectados utilizando ferramentas de deteção remota (Quinten, 2008). Os primatas são também espécies carismáticas que podem ser utilizadas para influenciar decisões de conservação, e os dados sobre as tendências a longo prazo em termos de riqueza, abundância e diversidade são de grande valor para a aplicação de políticas (Quinten, 2008). Uma das condições prévias urgentes para atingir com êxito este objetivo é a recolha de informações básicas sobre a dimensão e as densidades da população de primatas, bem como sobre as suas tendências populacionais (Van Schaik, Wich, Utami e Odum, 2005). Esses dados permitirão avaliar corretamente a sua situação atual e podem servir de base para planos de gestão ou estratégias e acções específicas (Quinten, 2008).

Os dados de base sobre as espécies de primatas na área de estudo foram recolhidos por investigadores de forma descontínua, pelo que não eram adequados para os gestores interessados dos recursos de primatas. Além disso, as investigações são muitas vezes dispendiosas, consumindo uma grande parte dos recursos dos investigadores, e as áreas/focos de investigação não foram geralmente concebidas para a gestão da floresta comunitária, mas apenas para fins académicos, não fornecendo assim a informação adequada necessária para a gestão sustentável das espécies de primatas na floresta comunitária.

Com uma população inicial estimada em 52-62 indivíduos (Egwali, King, Eniang e Obot, 2005) num habitat fragmentado de menos de 100 km², a disponibilização de informação de base adequada servirá de orientação para a elaboração de políticas e decisões de gestão na área de estudo, uma vez que as actividades humanas, especialmente a agricultura e as queimadas descontroladas, têm vindo a desgastar a área e as manchas de floresta resultantes estão cada vez mais isoladas. Por conseguinte, este estudo fornecerá informações sobre a ecologia dos primatas, preenchendo assim algumas lacunas sobre a ecologia do guenon de Sclater *(Cercopithecus sclateri),* o que contribuirá para a gestão sustentável e a conservação das espécies de primatas na área.

1.5 Âmbito e limitações do estudo

O âmbito do estudo limitar-se-á à avaliação da população e do habitat de *C. sclateri* na floresta da comunidade de Ikot Uso Akpan em Itam, Área da Administração Local de Itu do Estado de Akwa Ibom. O estudo foi também limitado a seis meses de recolha de dados devido à curta duração do programa e à situação financeira limitada do investigador

CAPÍTULO 2

REVISÃO DA LITERATURA RELACIONADA

2.1 Revisão histórica do guenon de Sclater *(Cercopithecus sclateri)*

O guenon de Sclater é a única espécie de primata endémica da Nigéria. Está classificado como Em Perigo pela IUCN e consta do Anexo II da CITES (Cercopan.org, 2011). A espécie foi descrita pela primeira vez em 1904 por Pocock (1904) e durante muitos anos foi considerada uma subespécie do guenon de orelhas vermelhas *(Cercopithecus erythrotis)*. Alguns autores especularam que *o C. sclateri* poderia ser um híbrido entre *o Cercopithecus erythrotis,* que ocorre no lado oriental do rio Cross, na Nigéria e nos Camarões, e *o Cercopithecus erythrogaster*, que ocorre no lado ocidental do delta do Níger, na Nigéria. No entanto, vários autores concordam que *C. sclateri* merece um estatuto específico completo (Hill, 1953; Kingdon, 1980; Nowak, 1999). Em 1980, Kingdon (1980) classificou-o como uma espécie distinta que pertence ao grupo *Cercopithecus cephus*, ou superespécie, que inclui *Cercopithecus erythrotis*. Quando comparadas com outros guenons, as espécies *cephus* são geralmente mais pequenas, adaptáveis e coloridas. Esta espécie é reconhecida principalmente pela coloração da cauda: Metade a um terço da parte inferior do lado proximal da cauda é vermelho-ferrugem brilhante (Cercopan.org, 2011).

2.2 Descrição física de *Cercopithecus sclateri*

O guenon de Sclater, como todos os guenons, é um macaco muito colorido com um padrão facial complicado. O corpo é, de um modo geral, cinzento-escuro com alguma coloração esverdeada no dorso. A cauda é muito comprida (cerca de metade do comprimento total) e é de cor avermelhada na parte proximal ventral, tornando-se gradualmente branca na parte distal e terminando numa ponta preta. O focinho é rosa acastanhado com uma mancha nasal branco-creme (acima das narinas, na ponte do nariz). A face é adornada por três grandes manchas de pelo. As manchas da coroa e das bochechas são amarelas misturadas com preto. Além disso, existe uma grande mancha branca na garganta que se estende quase até às orelhas. As orelhas têm tufos brancos proeminentes. Finalmente, barras temporais pretas estendem-se para além das orelhas e encontram-se na parte de trás da cabeça (Hill, 1953; Kingdon, 1980; Nowak, 1999; Oates, Anadu, Gadsby e Werre, 1992).

O Cercopithecus sclateri, juntamente com os outros membros do seu grupo de superespécies, pertence ao grupo mais pequeno dos guenons (Hill, 1953). As fêmeas pesam cerca de 2,5 kg, enquanto os machos pesam cerca de 4,0 kg. Todos os guenons, incluindo *C. sclateri,* têm caninos sexualmente dimórficos. Para além disso, têm os membros posteriores mais compridos do que os membros anteriores. Finalmente, uma caraterística distintiva que ajuda a separar todos os guenons dos macacos colobus é a presença de manchas nas bochechas (Fleagle, 1999; Nowak, 1999). Tem um comprimento de 80 a 120 cm (31,5 a 47,24 in) (Law e Myers, 2004).

Placa 1: Um *Cercopithecus sclateri* adulto
Fonte: Cercopan.org

Placa 2: *C. sclateri* adulto a descansar em ramos de *Elaeis guineensis*
Fonte: http://www.cercopan.org/images/Sclaters.jpg
2.3 Comportamento de *Cercopithecus sclateri*

Existem poucos estudos comportamentais de *C. sclateri* na natureza. No entanto, nos membros da superespécie *C. cephus*, a estrutura do grupo é menos rígida do que noutros membros de Cercopithecus. Especificamente, o *C. cephus* não tem um único macho dominante; em vez disso, os grupos podem ser multi-machos, compostos por membros da família, ou só de fêmeas (Kingdon, 1980).

A locomoção no género *Cercopithecus* também está pouco estudada. A maioria dos guenons são quadrúpedes e saltam 10% do tempo. Observa-se também que o seu comportamento posicional está relacionado com a dieta. Por exemplo, a escalada está negativamente correlacionada com a presença de frutos na dieta e as espécies que comem um maior número de insectos utilizam mais posturas de transição do que as outras espécies (McGraw, 2002). Os guenons usam as suas caudas para se equilibrarem e normalmente dormem em árvores (Nowak, 1999).

Cercopithecus sclateri é simpátrico com várias outras espécies de primatas, incluindo *Perodicticus potto, Arctocebus calabarensis, Cercocebus torquatus, Cercopithecus mona e Cercopithecus nicticans* (Fleagle,

1999). O *Cercopithecus cephus*, estreitamente relacionado, forma associações com o *C. nicticans* no Gabão, onde dividem os recursos com base no tipo de alimento e no nível de alimentação preferido na copa das árvores. Uma vez que se pensa que o subgrupo *C. cephus* preenche o mesmo nicho ecológico, é provável que *C. sclateri* forme associações deste tipo com outros primatas na sua área de distribuição. (Fleagle, 1999; Tooze, 1995)

2.4 Ecologia alimentar de *Cercopithecus sclateri*

O Cercopithecus sclateri, tal como a maior parte dos pequenos guenons e o gorila de Cross River (Ettah, 2008; Egwali, King, Eniang e Obot, 2005), são predominantemente frugívoros ou frugívoros.

No entanto, outros componentes importantes da dieta do guenon incluem insectos, flores e folhas; por isso, são classificados como omnívoros. Por isso, quando habitam aldeias e cidades com pouca ou nenhuma cobertura florestal, invadem jardins e quintas para se alimentarem. A dieta *do Cercopithecus sclateri* reflecte a natureza sazonal do seu habitat, apresentando uma composição muito variável ao longo do ano. Quando os frutos são escassos, os Sclater parecem depender da vegetação herbácea terrestre (Egwali, King, Eniang e Obot, 2005). Em particular, a única referência específica a uma espécie de árvore que é consumida por estes guenons é o algodoeiro de seda vermelha, *Bombax buonopozense* (Butynski, 2002b; Fleagle, 1999; Nowak, 1999; Oates *et al.,* 1992). Egwali *et al.* (2005) listaram *Elaeis guineensis* e *Raphia hookeri* como também componentes alimentares de C. sclateri (Quadro 1). Passam longos períodos de tempo numa área relativamente pequena, antes de se deslocarem a longa distância para outra área. Na floresta comunitária de Itam, *C. sclateri* ocupa partes significativamente diferentes da floresta, por vezes com um raio de 1,5 km por dia (Egwali, King, Eniang e Obot, 2005).

Tabela 1: Espécies de plantas cultivadas e silvestres utilizadas por *C. sclateri* como fontes de alimento

Nome científico	Nome comum	Nome Ibibio	Estado	Parte(s) consumida(s)	Utilização
Musa sapientum	Banana	*Mboro*	C	F	***
M. paradisiacal	Tanchagem	*Ukom*	C	F	***
Cola argentea	Cola doce	*Ndiya*	C	F	**
Cnestis ferruginea	Cnestis	*Utin ewa*	W	F	**
Chrysuphyllum albídio	Estrela africana maçã	*Udara*	C/W	F	*
Aningeria robusta	Maçã estrela selvagem	*Udara ebok*	W	F	**
Maesobotiga barteri	Cereja de esquilo	*Nyanyatet*	W	F	**

Persea Americana	Pera abacate	*Eben mbakara*	C	F	*
Dacryodes edulis	Pera africana	*Eben*	C	F	***
Dacryodes kleineana	Pera selvagem	*Eben ikot*	W	F	***
Hippocratea Africana	-	*Mba enang-enang*	W	F	**
Capolobia lutea	Vara de gado	*Ufip-ufip*	W	L/F	**
Dennettia tripetala	Frutos de pimento	*Nkarika*	C/W	S/F	**
Uvaria chamae	Pimenta selvagem fruta	*Nkarika ikot*	W	S/F	**
Pentraclethra macrófila	Feijão oleaginoso africano	*Ukana*	W	S	*
Carica papaya	papaia	*Udia edi*	C	F	*
Zea mays	Milho	*Abakpa*	C	F/S	***
Mangifera indica	Manga	-	C	F	**
Irvingia gabonensis	Manga do mato	*Uyo*	W	F	*
Elaeis guineensis	Óleo de palma	*Eyop*	W/C	F/S	***
Raphia hookeri	Palmeira-ráfia	*Ukot*	W/C	F	***

C- cultivado por humanos, W-selvagem, F-frutos, S-sementes/nozes, L-folhas, * - razoavelmente utilizado, ** - moderadamente utilizado, *** - fortemente utilizado.

Fonte: Egwali, King, Eniang e Obot (2005)

2.5 Habitat e distribuição geográfica

Os membros *Cercopithecus sclateri* ocorrem na floresta tropical primária como a maioria das outras espécies de guenons, mas também ocorrem em florestas secundárias com mais frequência do que outras espécies de guenons. Para além disso, as espécies estreitamente relacionadas neste grupo parecem preferir os níveis mais baixos da copa das árvores e, por vezes, vêm para o solo.

Pensou-se inicialmente que o guenon de Sclater estava extinto, até se descobrir que estava a sobreviver. Encontra-se na Nigéria em pequenas populações dispersas ao longo do curso inferior do rio Níger e no delta do Níger (Fleagle, 1999; Nowak, 1999). Apenas cinco populações discretas eram conhecidas anteriormente. Duas delas ocorrem perto de aldeias onde são consideradas sagradas e, por isso, são protegidas. Cada grupo protegido conta com menos de 250 indivíduos.

As outras populações estão localizadas em florestas pantanosas na planície de inundação do rio Níger, na Reserva Florestal de Stubbs Creek no Estado de Akwa Ibom, no Estado de Anambra e na margem oeste do rio Cross, perto da aldeia de Utuma. Além disso, foi feita uma grande descoberta de espécies numa floresta comunitária em Itam, Área Governamental Local de Itu do Estado de Akwa Ibom (Egwali, *et al.*, 2005), com uma população estimada em 57-62 indivíduos.

O guenon de Sclater está limitado à zona de floresta tropical entre o Níger e o Estado de Cross River no sul da Nigéria (Figuras 1 e 2). A sua extensão de ocorrência é de 28.500 km^2. Grande parte da floresta remanescente em toda a área de distribuição da espécie é constituída por pequenos fragmentos florestais, frequentemente degradados, inseridos numa paisagem maioritariamente agrícola, áreas pantanosas difíceis de cultivar ou faixas de floresta ao longo de cursos de água. Sabe-se da existência de populações nos estados de Akwa Ibom, Enugu, Imo, Abia e Cross River. As localidades nos estados acima mencionados conhecidas pela existência da espécie são Utuma, Stubbs creek, Akpugoeze, Osomari, Lagwa, Blue river, Enyong creek/Ikpa river (Baker, 2005; Oates, Anadu, Gadsby e Were, 1992; Oates, 1994; Stewart, 1996) e Itam (Egwali, King, Eniang e Obot, 2005). Sabe-se que as restantes três populações de *C. sclateri* sobrevivem em comunidades desflorestadas onde a população humana local considera este macaco sagrado. Embora não sejam caçados nestes sítios, o estatuto sagrado dos macacos não garante necessariamente a sua sobrevivência a longo prazo. Em Lagwa, no Estado de Imo, a população em 2005 foi estimada em 124 indivíduos em 15 tropas, com uma densidade igual a 15 indivíduos/km^2 (Baker, 2006). Em Akpugoeze, no Estado de Enugu, a estimativa da população em 2006 era de 193 indivíduos em 20 tropas, com uma densidade igual a 35 indivíduos/km^2 (Baker, 2006). Além disso, em Itam, Estado de Akwa Ibom, a população foi estimada entre 57-62 indivíduos numa população de 8-12 indivíduos (Egwali, King, Eniang e Obot, 2005).

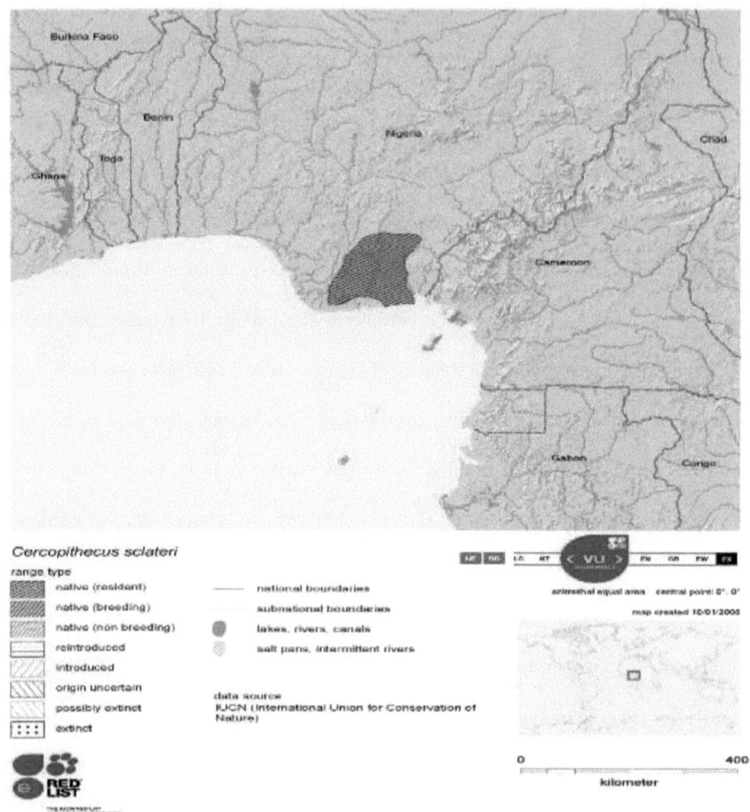

Figura 1: Distribuição geográfica do guenon de Sclater

Fonte: IUCN (2011)

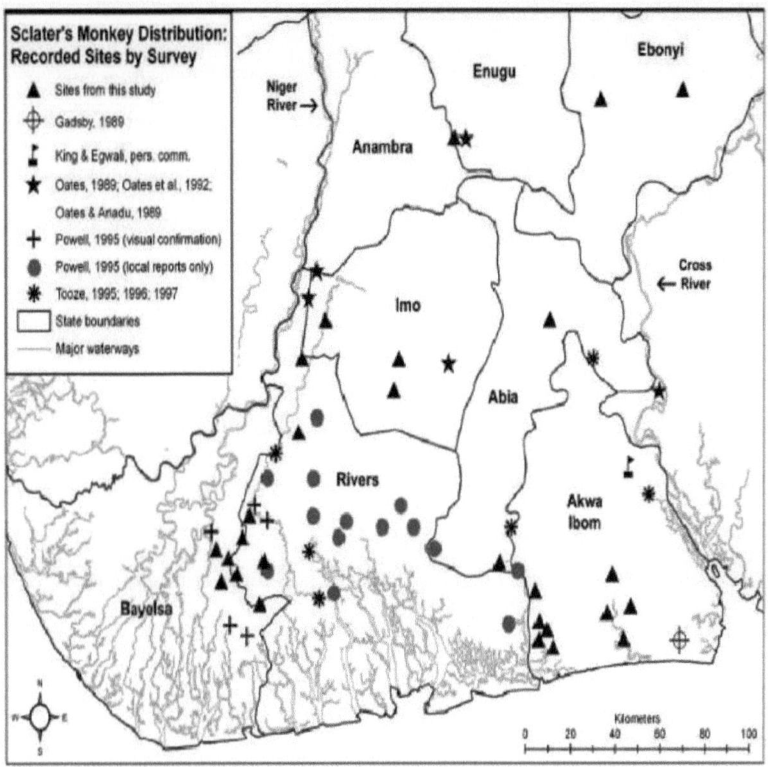

Figura 2: Distribuição geográfica do guenon de Sclater Fonte: Baker e Olubode, 2008

2.6 Comportamento na área de distribuição de *Cercopithecus sclateri*

O comportamento dos primatas é influenciado por muitos factores, incluindo o tamanho do corpo, a dieta, a disponibilidade de alimentos (densidade e distribuição), os encontros entre grupos, as estratégias de acasalamento, o tamanho do grupo e a fuga aos predadores e à competição alimentar (Boinski, Treves e Chapman, 2000; Baker, 2005). Em geral, as espécies frugívoras que dependem de alimentos altamente energéticos com disponibilidade espacial e temporal variável tendem a ter uma grande área de vida e longos períodos diurnos. Em contrapartida, as espécies que dependem de alimentos de qualidade inferior, que estão disponíveis de forma mais consistente e uniforme, como as folhas, tendem a ter áreas de vida mais pequenas e períodos de vida mais curtos (Baker e Olubode, 2008). Os modelos de procura de alimentos prevêem que os primatas devem utilizar a sua área de distribuição de forma eficiente em função da disponibilidade de alimentos, concentrando especificamente os seus esforços de procura de alimentos nas áreas com maior

17

disponibilidade de alimentos (Pyke, Pulliam e Charnov, 1977).

O C. sclateri depende fortemente da vegetação herbácea perene que está abundantemente disponível onde os frutos podem ser colhidos. Consequentemente, têm percursos diários curtos e pequenas áreas de vida anuais (menos de 2 km de raio diário) (Egwali, King, Eniang e Obot, 2005). Existe pouca informação disponível sobre a área de vida de *C. sclateri*. No entanto, espécies estreitamente relacionadas têm áreas de vida mais pequenas do que outros membros do género. A espécie aparentada *C. ascanius* utiliza uma área de vida de 15 ha com uma área central de 5 ha, embora também se saiba que tem áreas de vida até 130 ha (Nowak, 1999).

Os alimentos são essencialmente omnipresentes nas eco-zonas da floresta tropical, com a abundância de frutos a variar espacialmente a uma pequena escala, bem como entre tipos de habitat. *C. sclateri* tende a usar áreas de alimento de alta qualidade repetidamente num período relativamente curto, separado por longos intervalos (Watts, 2000). Durante o final da estação seca e o início da estação das chuvas, quando há sempre uma grande redução na disponibilidade de alimentos, *C. sclateri* depende em grande parte de fontes de alimentos selvagens, mas invadirá prontamente a aldeia para obter qualquer fruto da época, como *Musa sapientum, M. paradisiaca* e

Dacryodes edulis (Egwali, King, Eniang e Obot, 2005).

2.7 Comunicação e perceção

O Cercopithecus sclateri, tal como os outros membros do seu grupo de superespécies Cercopithecus (cephus), tem um padrão facial marcante que se supõe ser utilizado na comunicação relacionada com a reprodução. Especificamente, as manchas nas bochechas e o nariz podem ser importantes na sinalização. Este padrão, em conjunto com um acenar de cabeça muito rápido e complexo, pode ter um papel importante na manutenção de relações com outros membros do grupo. A seleção sexual pode desempenhar um papel na evolução do padrão facial nesta espécie. A cauda muito colorida é provavelmente também utilizada para comunicar com os conspecíficos (Kingdon, 1980). No género *Cercopithecus,* foram descritas 22 vocalizações diferentes. Estas incluem ruídos para manter a coesão do grupo, sinais de aviso e ruídos altos emitidos pelos machos (Nowak, 1999). A comunicação tátil é importante em todos os primatas. Os comportamentos de limpeza indicam tipicamente relações estreitas entre indivíduos. As mães comunicam com as suas crias através do toque, tal como os companheiros. A agressão física ocorre frequentemente, especialmente entre machos rivais (Nowak,

1999).

2.8 Reprodução

2.8.1 Intervalo e época de reprodução

Os intervalos de reprodução para espécies de *Cercopithecus* variam de um a cinco anos e não há informações relatadas para *C. sclateri*. Para muitas espécies, isto ocorre em julho, agosto e setembro, no entanto, as espécies da floresta tropical, incluindo potencialmente o *C. sclateri,* apresentam maior flexibilidade a este respeito. A gestação é de cerca de 6 meses, com o nascimento a ocorrer durante os meses de dezembro, janeiro ou fevereiro. As crias pesam cerca de 400g à nascença e agarram-se ao ventre da mãe. O período de amamentação não é conhecido para esta espécie, mas, tal como a maioria dos *Cercopitecíneos,* é provável que esteja completo por volta dos 9 meses de idade. As fêmeas produzem as suas primeiras crias por volta dos 5 a 6 anos de idade. (Fleagle, 1999; Nowak, 1999; Oates, Anadu, Gadsby, e Werre, 1992)

2.8.2 Sistemas de acoplamento

A informação disponível sobre a reprodução de *C. sclateri* é limitada, uma vez que a espécie é endémica e só foi redescoberta recentemente. As primeiras observações destes animais no meio natural ocorreram em 1988. Esta descoberta tardia pode dever-se, em parte, ao facto de estes macacos habitarem uma zona da Nigéria que há muito é evitada por biólogos e conservacionistas. Nesta parte da Nigéria, existe uma elevada população humana e falta de áreas naturais onde os animais possam ser estudados (Oates e Anadu, 1989; Oates, Bergl e Linder, 2004)

Em geral, no género *Cercopithecus,* a época de acasalamento corresponde à época de maior disponibilidade de alimentos. No entanto, os membros do género são tipicamente poligínicos, e é razoável assumir que *C. sclateri* também apresenta esta caraterística. O sistema de acasalamento do seu grupo de superespécies difere de outros guenons pela menor importância de grupos de machos únicos. Em vez disso, as fêmeas parecem constituir o núcleo do grupo e viajam frequentemente juntas sem um macho. A independência das fêmeas parece ser muito importante, uma vez que as fêmeas defendem territórios de outros grupos. Os machos do grupo *C. cephus*, incluindo *C. sclateris,* provavelmente praticam o oportunismo no que diz respeito à cópula com as fêmeas, em vez de guardarem grupos de fêmeas como fazem outros membros do género (Law e Myers, 2004). Os machos sinalizam para as fêmeas antes de as montar. Fazem-no com movimentos de tecelagem da cabeça que têm sido considerados como um importante ritual de corte usado para tranquilizar as fêmeas com quem o macho quer acasalar. Para além disso, estes movimentos de tecelagem da cabeça podem ter contribuído para a radiação dos complexos padrões faciais de *C. sclateri* e de outras espécies do grupo *C. cephus* (Fleagle, 1999; Kingdon, 1980).

2.8.3 Investimento parental

Pouco se sabe sobre o investimento parental em *C. sclateri*. A espécie provavelmente assemelha-se a outros macacos *Cercopithecine*. Um jovem guenon monta no ventre da sua mãe, agarrando-se ao seu pelo e entrelaçando a sua cauda com a dela. Como na maioria dos *Cercopitecíneos,* os cuidados parentais são provavelmente prestados principalmente pela mãe. Ela amamenta, carrega e cuida da sua prole. Os bebés são geralmente dependentes da mãe para todas as formas de cuidados. As crias *de Cercopithecine* permanecem normalmente com a mãe durante algum tempo após o desmame. Não é raro que a posição das mães afecte a posição dominante das suas crias. O papel dos machos nos cuidados parentais desta espécie não foi referido (Nowak, 1999).

2.9 Estado de conservação

O guenon de Sclater é um dos primatas mais ameaçados de África. Está classificado como ameaçado pela IUCN e consta do Anexo II da CITES (Egwali, King, Eniang e Obot, 2005). A combinação de uma área de distribuição extremamente pequena numa parte muito populosa da Nigéria levou esta espécie à beira da extinção. A zona da Nigéria onde se encontram estes guenons tem uma das populações rurais mais densas de África (Egwali, King, Eniang e Obot, 2005). A grande maioria da área terrestre foi convertida para uso agrícola e para plantações de espécies não nativas. Sabe-se que duas populações de guenons de Sclater ocorrem na reserva florestal de Stubb's Creek e em Enyong Creek do Estado de Akwa Ibom (Egwali, King, Eniang e Obot, 2005). No início da década de 1990, a Nigerian Conservation Foundation iniciou um projeto de conservação na reserva florestal de Stubbs Creek, no Estado de Akwa Ibom, com o objetivo de conservar estas espécies prístinas, embora não tenha conseguido produzir resultados devido a um financiamento inadequado. (Butynski, 2002a; Nowak, 1999; Oates e Anadu, 1989; Oates, Anadu, Gadsby, e Were, 1992; Oates, 1996)

As principais ameaças ao C. sclateri incluem a destruição do habitat e a caça. Estas, por sua vez, são impulsionadas pela rápida expansão das populações humanas. Além disso, a área de ocorrência *do C. sclateri* situa-se sobre campos petrolíferos e está a ocorrer um grande desenvolvimento petrolífero no delta do Níger.

No entanto, estudos recentes estão a descobrir mais populações de guenons de Sclater (Oates, Anadu, Gadsby, e Were, 1992; Oates, 1996). Todas elas ocorrem em manchas relativamente pequenas e isoladas de enclaves florestais. Há esperança no facto de esta espécie estar associada a santuários e bosques sagrados de árvores em algumas aldeias, onde são protegidos devido ao tabu associado a matar ou comer os macacos. Em alguns casos, são considerados protectores dos locais sagrados. No entanto, a geração mais jovem pode estar a perder algumas destas inibições de matar estes macacos. (Baker e Tooze, 2003; Butynski, 2002a; Oates e Anadu, 1989; Oates, Anadu, Gadsby, e Were, 1992; Tooze, 1995)

2.10 Ameaça à conservação de *Cercopithecus sclateri*

As ameaças globais à conservação da vida selvagem são a perda de habitat e a colheita excessiva de recursos da vida selvagem (Redford, 1992). Nas últimas duas décadas, os investigadores são da opinião de que a caça é a principal ameaça à conservação da vida selvagem nos trópicos (Ettah, 2008). Ironicamente, dada a incapacidade de proteger as nossas eco-zonas cruciais, estas áreas estão a tornar-se cada vez mais florestas vazias (Redford, 1992). A ameaça representada pela caça é extremamente grande nas zonas de floresta tropical, onde a produtividade da vida selvagem comestível é muito baixa (Baker e Tooze, 2003; Butynski, 2002a).

A floresta tropical é muito rica em biodiversidade (Ettah, 2008), e a utilização da fauna bravia na cultura humana é muito generalizada. O impacto dos seres humanos na vida selvagem é muito generalizado, de tal forma que a sobrevivência de muitas espécies de vida selvagem no ecossistema tropical depende da compreensão e da utilização sustentável dos produtos da vida selvagem. Além disso, a inter-relação entre a fauna bravia e os seres humanos numa floresta deste tipo torna-se tão intrincada que o bem-estar social e económico das populações dos países tropicais passa a depender de uma boa gestão (Boinski *et al.*, 2000; Tutin, 1996).

A carne de animais selvagens e o peixe contribuem com um mínimo de 20 por cento das proteínas animais nas comunidades rurais, assim como proteínas e gorduras essenciais em mais de 60 países em todo o mundo (Ettah, 2008). A dependência exclusiva da carne de animais selvagens para as necessidades proteicas das comunidades locais, sem medidas correspondentes sobre a exploração controlada dos recursos, causou um problema crescente de destruição da vida selvagem com a possibilidade de extinção. Certos grupos de espécies selvagens são especialmente vulneráveis à caça, mas a escala atual da caça afecta toda a comunidade biótica. Wilkie e Carpenter (1999) relataram que se acredita que cerca de 28 milhões de duikers da baía, 16 milhões de duikers azuis e mais de 7 milhões de Colobus vermelhos são retirados anualmente das florestas da África Central. Assim, acredita-se que a extração de vida selvagem dessas florestas é atualmente seis vezes superior à taxa sustentável (Harcourt e Steward, 1989).

Os grupos de primatas selvagens passam uma quantidade considerável de tempo e energia a alimentar-se. Esta observação foi feita durante estimativas sobre a forma como os primatas se dividem durante as suas horas de vigília. A migração para forragear em áreas com uma comunidade alimentar desejável torna-os mais vulneráveis à caça furtiva à medida que se deslocam (Ettah, 2008). A quantidade de tempo gasto a alimentar-se pode estar relacionada com a dispersão e a previsibilidade das substâncias alimentares, bem como com o ganho de energia por unidade de peso de alimento (Fa, 1988). Estes padrões reflectem as variáveis sociais e ambientais com que lutam para sobreviver diariamente, sazonalmente e ao longo da vida. Estudos sobre os ritmos de atividade dos primatas indicaram que estes apresentam uma variação diurna consistente nas populações selvagens e em cativeiro da mesma espécie. Além disso, foram registadas semelhanças diurnas nos orçamentos temporais, como picos de alimentação ao início da manhã e ao fim do dia, em espécies com diferentes organizações sociais e habitats, como os lémures, os macacos-aranha e os chimpanzés (Wrangham, 1980, Baker e Olubode, 2008).

Os seres humanos são os predadores mais importantes de *C. sclateri,* e a caça está amplamente difundida em toda a sua área de distribuição (Cercopan.org, 2011). Atualmente, a espécie não ocorre em nenhuma área oficialmente protegida. No entanto, há esperança para o futuro, uma vez que tem sido capaz de persistir na região do sul da Nigéria, densamente povoada por humanos, muito provavelmente devido ao seu pequeno tamanho, adaptabilidade, natureza críptica e estatuto geral de não preferido entre os caçadores relativamente a outros macacos (Baker e Olubode, 2008). *O C. sclateri* é raro ou está ausente em grande parte da sua área de distribuição original presumida devido à perda regional de habitat. Nas comunidades em que a espécie é considerada sagrada (Lagwa, Estado de Imo; Akpugoeze, Estado de Enugu; Itam, Estado de Akwa Ibom) (Baker, 2006; Tooze, 1994; Baker e Olubode, 2008), as crenças tradicionais que conferem proteção aos macacos estão a desaparecer e o habitat disponível para os macacos já é pequeno e está em declínio (Oates, Anadu, Gadsby e Were, 1992; Tooze, 1994).

2.11 Factores que afectam a estrutura populacional do guenon de Sclater

O papel dos factores ecológicos que influenciam a densidade ou a estrutura das populações de primatas tem geralmente recebido menos atenção dos ecologistas de primatas do que o papel da disponibilidade de alimentos (Caldecott, 1980; Chapman, Chapman, Bjorndal e Onderdonk, 2002; Chapman, Chapman e Gillespie, 2002; Davies, Bennett e Waterman, 1988; Dunbar, 1992; Ganzhorn, 1992; McKey, 1978; Milton, 1979). Os primatologistas partem do princípio de que os factores ecológicos (por exemplo, clima, disponibilidade de alimentos, doenças, predação) conduzem a processos macro-evolutivos (por exemplo A análise dos efeitos destas variações no tempo e no espaço tem sido o objetivo central da ecologia dos primatas desde há décadas (Bourliere, 1979; Chapman, Chapman e Gillespie, 2002; Isbell, 1991; Janson e Chapman, 1999; Sterck, Watts e Van Schaik, 1997; van Schaik, 1983; Wrangham, 1980).

Isto é notável dada a grande atenção que tem sido dada aos factores que influenciam o agrupamento de primatas, por exemplo, devido à competição alimentar, infanticídio e doenças (Isbell, 1991; Janson e Goldsmith, 1995; Nunn, 2003; van Schaik, 1983; van Schaik e Janson, 2000; Wrangham, 1980). Em princípio, os factores específicos do habitat diferem entre florestas por várias razões, incluindo factores termorreguladores associados à altitude (Caldecott 1980; Hill, Lycett e Dunbar, 2000; Iwamoto e Dunbar, 1983; Baker, 2005); factores locomotores associados a diferenças na estrutura da copa das árvores (Cannon e Leighton 1994; 1996; Kappeler 1984; Baker, 2005); ou competição interespecífica de outros vertebrados frugívoros (Gautier-Hion 1978; Marshall, Cannon e Leighton, 2009; Poulson, Clark, Connor e Smith, 2002). Pensa-se que factores como a competição dentro do grupo e o infanticídio limitam o tamanho do grupo (Janson e Goldsmith 1995; van Schaik e Janson, 2000), enquanto o risco de predação e as competições entre grupos aumentam os benefícios do agrupamento (Wrangham, 1980; van Schaik, 1983). Devido à presumível importância da competição alimentar dentro do grupo, prevê-se que a aptidão das fêmeas seja inferior em grupos maiores (Borries, Larney, Lu, Ossi e Koenig, 2008; van Noordwijk e van Schaik, 1999). Esta previsão baseia-se no pressuposto tácito de que alguma variável, para além da disponibilidade de alimentos, limita o tamanho do grupo e que as fêmeas em grupos maiores experimentam uma competição alimentar mais intensa. Uma hipótese alternativa é que a aptidão é igualada entre grupos de diferentes tamanhos numa população porque as fêmeas se distribuem de acordo com uma distribuição livre ideal (Fretwell e Lucas, 1969). Esta perspetiva não implica que a competição alimentar não seja importante; sugere simplesmente que a influência da competição alimentar ocorre principalmente ao nível da determinação do tamanho do grupo.

2.12 Métodos de levantamento de primatas nos trópicos

Há uma variedade de técnicas desenvolvidas para o censo de grandes mamíferos que são adaptáveis aos primatas nos trópicos. Estas técnicas incluem contagens totais e amostrais, transectos em linha com estimativa da distância, transectos em faixa de largura fixa e amostragem em quadrícula (Buckland, Anderson, Burnham, e Laake, Burchers e Thomas, 2001). Várias destas técnicas permitem estimar a densidade de espécies individuais quando os pressupostos dos métodos são respeitados. A estimativa da densidade é de particular importância para a implementação de actividades de gestão, mas a estimativa da densidade pode ser gravemente enviesada quando os pressupostos são violados (Aguiar e Lacher, 2003). Além disso, a densidade absoluta não é necessária para actividades de monitorização a longo prazo e, muitas vezes, as estimativas de abundância relativa, quando tratadas numa série temporal, são mais adequadas para estes fins.

Outra consideração a ter em conta na seleção de uma metodologia é o número de espécies a estudar. A avaliação do estado de uma comunidade multi-específica apresenta dificuldades adicionais na monitorização. Os pressupostos sobre a estimativa da densidade devem aplicar-se igualmente bem a todas as espécies em consideração, e este pressuposto é claramente violado na maioria dos levantamentos multi-taxa (Aguiar e Lacher, 2003). Como consequência, a estimativa da densidade absoluta em programas de monitorização multiespecífica resultará em estimativas enviesadas para algumas das espécies estudadas. Nestas circunstâncias, os dados sobre as contagens totais de espécies (densidade de espécies) e os índices de abundância relativa podem ser suficientes e mais sólidos do ponto de vista científico.

Os primatas são um pequeno componente da riqueza global dos ecossistemas florestais tropicais, mas são visíveis, muitas vezes ameaçados e em perigo, têm grande atração pelo público e podem ser indicadores sensíveis de perturbações de baixo nível. A sua incorporação no programa de monitorização Tropical Ecology, Assessment and Monitoring Initiatives (TEAM) também pode ser facilmente aplicada na conceção utilizada para a monitorização de aves e invertebrados (Aguiar e Lacher, 2003). Além disso, o monitoramento de grandes mamíferos arborícolas também complementará o protocolo de armadilhas fotográficas para mamíferos terrestres e outros grandes vertebrados.

2.12.1 Descrição dos objectivos do protocolo de monitorização dos primatas

A monitorização pode ser utilizada para uma variedade de objectivos. Os três objectivos principais do protocolo de monitorização de primatas TEAM são os seguintes

1) Estimar a composição da comunidade e a riqueza de espécies nos sítios;

2) Acompanhar as tendências da abundância relativa das espécies;

3) Avaliar as associações de habitat das espécies residentes. Um objetivo secundário é:

4) Estimar a densidade das espécies mais comuns em cada sítio.

A monitorização dos primatas é geralmente efectuada através de inquéritos gerais, métodos de censo por varrimento ou métodos de transectos lineares (Struhsaker, 1997; Quinten, 2008). A escolha de um método dependerá dos dados necessários e dos objectivos do estudo. Os métodos mais gerais, como os inquéritos geográficos alargados, fornecem informações úteis sobre os padrões de riqueza de espécies em grande escala numa variedade de habitats, mas carecem de rigor estatístico para uma monitorização sensível das tendências a longo prazo da riqueza ou da abundância. Segue-se uma breve revisão dos métodos úteis para a monitorização e sua justificação;

i. Inquéritos gerais

Os inquéritos gerais são um instrumento útil para uma avaliação geral inicial da composição da comunidade. Índices gerais de abundância relativa também podem ser obtidos se houver alguma padronização da distância percorrida ou do tempo gasto em observação. Como os levantamentos gerais geralmente não utilizam uma área de amostragem fixa e não usam transectos que foram cortados na floresta, é muito difícil fazer comparações entre sítios ou ao longo do tempo no mesmo sítio (Aguiar e Lacher, 2003). Têm uma utilidade limitada para a monitorização de grandes áreas ou ao longo do tempo. Podem ser úteis para definir o conjunto de espécies que serão amostradas usando métodos mais rigorosos.

ii. Recenseamento por varrimento ou recenseamento por quadratura

O censo de varrimento é uma tentativa de contar todos os indivíduos de uma determinada espécie ou conjunto de espécies numa área definida (Struhsaker, 2002) e o desenho espacial é geralmente baseado em quadrículas, transectos ou uma combinação dos dois. Idealmente, linhas de transecto regularmente espaçadas são percorridas por vários observadores (Struhsaker, 2002) e todos os indivíduos ou grupos observados são marcados num mapa. Depois de uma série de linhas terem sido recenseadas, os observadores comparam os mapas e tentam explicar eventuais observações duplas. Este método requer um conhecimento do comportamento de movimento das espécies observadas, para que os observadores possam efetivamente evitar a dupla contagem de grupos ou indivíduos que se deslocam rapidamente. Esta abordagem é um verdadeiro censo, na medida em que se tenta contar todos os indivíduos presentes. Estes dados podem ser utilizados como índices de abundância relativa se a metodologia for coerente em todos os sítios e ao longo do tempo. Uma vez que não se tenta medir a área de efeito das contagens, não é possível estimar a densidade absoluta (Aguiar e Lacher, 2003).

iii. Transectos de linha

A amostragem por transectos em linha tem sido utilizada para estimar as densidades populacionais de uma série de vertebrados, por exemplo, anfíbios (Toft, Rand e Clark, 1992), répteis (Rand, 1964; Crump, 1971), aves (Emlen, 1971; Ralph e Scott, 1981), mamíferos e primatas (Peres, 1999; Buckland *et al.*, 2001; Quinten, 2008). Estas amostras de transectos dependem da deteção de animais num ou em ambos os lados de um percurso ou rota de estudo. Estas amostras têm sido utilizadas tanto para trabalhos de levantamento em que são necessárias estimativas rápidas de populações animais em áreas geográficas muito diferentes como para estudos mais pormenorizados numa área geográfica limitada (floresta comunitária de Ikot Uso Akpan). Estes estudos mais pormenorizados incluem a monitorização de mudanças temporais nas populações, a comparação de habitats ou condições dentro da mesma área geográfica e a estimativa da população numa área limitada onde outros métodos não são viáveis (Cant, 1978; Green, 1978; Whitesides, 1981).

As técnicas de amostragem por transectos variam consoante o terreno, o habitat, as condições do habitat e as espécies-alvo. Para animais relativamente pequenos (incluindo primatas), e em zonas de bosque e floresta onde a visibilidade é limitada, os levantamentos a pé são frequentemente o único método viável. Alguns levantamentos de primatas florestais utilizaram canoas ou barcos a motor para tirar partido do fácil acesso proporcionado pelos cursos de água (Southwick, Berg e Siddiqi, 1961), mas, como não estão localizados aleatoriamente em relação à topografia e à vegetação, os cursos de água podem passar por áreas de densidade animal típica.

As estimativas da densidade populacional a partir de amostras de transectos baseiam-se no cálculo do número de animais na área estudada, utilizando;

i. O número de animais (ou grupos de animais) observados;

ii. Comprimento do transecto;

iii. Uma estimativa da largura amostrada.

O número de animais avistados e o comprimento do transecto implicam medições ou contagens diretas (figura 4). A terminologia e as variáveis utilizadas no cálculo da densidade com base numa abordagem de estimativa da densidade por transecto linear são as seguintes

$$x = r \sin \theta \tag{1}$$

em que r = a distância de observação, x = a distância perpendicular e θ é o ângulo de observação. No entanto, os métodos de determinação da largura da amostra diferem e são muitas vezes subjectivos (Buckland, 1985; Brockelman e Ali, 1987). A largura da amostra é a distância perpendicular entre o centro da linha do transecto e a distância efectiva, aparentemente sem referência aos dados (Cant, 1978).

Alguns estudos estimaram a largura das amostras através da inspeção da distribuição da distância observador-animal (avistamento) e/ou das distâncias transecto-animal (perpendiculares) no plano horizontal (Defler e Pintor, 1985). Estes estudos assumem que o número de avistamentos de animais para além da distância efectiva é igual ao número de avistamentos perdidos a distâncias mais próximas (Gates, 1979), permitindo assim a utilização de todos os dados. Numerosos outros autores (Pollock, 1978; Burnham *et al.*, 1979, 1980, 1981; Quinn e Gallacci, 1980; Johnson e Routledge, 1985) sugeriram modelos paramétricos e não paramétricos que assumem uma probabilidade decrescente de detetar animais a distâncias crescentes da linha de transecto. Estes modelos tentam representar esta relação através de "funções de deteção" adequadas, que substituem as estimativas fixas da largura da amostra nos cálculos da densidade populacional. Uma vez que estes modelos corrigem os casos de animais não avistados, permitem também a utilização de todos os dados (Buckland, 1985).

Os animais que vivem em grupos (por exemplo, os primatas) apresentam uma dificuldade adicional para determinar a largura da amostra porque a probabilidade aumenta com o tamanho do grupo (Freese, Heltne,

Gastro e Whitesides, 1980). Independentemente do método de amostragem, os observadores detectam algumas espécies mais facilmente do que outras. Entre os primatas florestais, os que vivem tipicamente na copa das árvores em grandes grupos ruidosos dispersos numa vasta área são mais facilmente detectados. Menos facilmente detectados são os que vivem em grupos sociais pequenos e/ou mais estreitamente agregados, frequentando emaranhados de lianas ou vegetação rasteira densa e fazendo relativamente pouco barulho. Outras caraterísticas comportamentais também são importantes, por exemplo, as espécies que fogem ruidosamente quando detectam um observador têm menos probabilidades de não serem detectadas do que as que permanecem silenciosas e imóveis. Estes factores dificultam a estimativa da densidade.

Além disso, John (1985) observou que o comportamento de uma espécie muda com a alteração do habitat. Sugeriu que essas alterações poderiam afetar a comparabilidade e a exatidão da amostragem de transectos realizada em diferentes habitats (floresta cortada versus floresta não cortada). No entanto, Skorupa (1987), utilizando dados da Malásia e do Uganda e de conjuntos de dados derivados, não encontrou qualquer efeito na validade dos resultados dos dados de amostras de transectos.

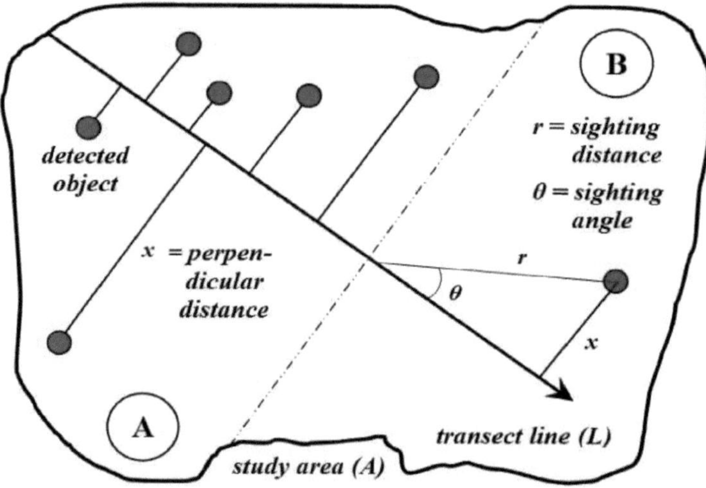

Figura 3: Amostragem em transectos lineares utilizando a distância perpendicular ou a distância e o ângulo de observação
Fonte: Buckland *et al.*, 2001 e Quinten, 2008

CAPÍTULO 3

MATERIAIS E MÉTODOS

3.1 Área de estudo

A área de estudo situa-se na parte sul da Nigéria, no Estado de Akwa Ibom, entre 5°7'49" Norte e 7°56'47" Este, e situa-se entre as aldeias de Ikot Uso Akpan e Obong Itam na Área do Governo Local de Itu (Egwali *et al.*, 2005). A Área de Governo Local de Itu ocupa uma superfície de aproximadamente 606,1 0 quilómetros quadrados (onlinenigeria.com, 2011). É limitada a norte e nordeste por Odukpani no estado de Cross River e Arochukwu no estado de Abia, a oeste pelas áreas governamentais locais de Ibiono Ibom e Ikono, a sul e sudeste pelas áreas governamentais locais de Uyo e Uruan, respetivamente.

A vegetação da zona ao longo da linha do Oeste é uma floresta pantanosa e uma floresta húmida de planície na entrelinha (onlinenigeria.com, 2011). A topografia da zona é muito ondulada. A área tem oito a nove meses de estação das chuvas e um curto período de três a quatro meses de estação seca. A área tem uma precipitação média anual de 2500 mm a 3000 mm, com uma temperatura média anual de cerca de 26,1°C e uma humidade relativa de 85% (Metz, 1992; Fasona e Omojola, 2005).

A aldeia de Ikot Uso Akpan e Obong Itam faz parte de uma área do clã chamada Itam, onde tradicionalmente as pessoas não matam nem comem macacos. Atualmente, o grau de proteção dos macacos varia muito de aldeia para aldeia em Itam, mas as aldeias de Ikot Uso Akpan e Obong Itam protegem e proíbem estritamente o abate dos macacos. Segundo consta, há alguns anos, um professor do ensino primário que caçava macacos na aldeia viu a sua transferência pressionada pela comunidade, numa tentativa de proteger a sua criatura sagrada. Além disso, um caçador da aldeia vizinha da área governamental local de Ibiono terá sido encontrado morto num fragmento de floresta com os restos do macaco que matou sem qualquer causa física de morte para o caçador.

Em 2003, o Centro de Zonas Húmidas e Gestão de Resíduos da Universidade de Uyo iniciou um projeto para estudar o macaco em Ikot Uso Akpan e estava a colaborar com a comunidade para criar um santuário comunitário de vida selvagem na zona. Também uma Organização Não Governamental (Centro de Preservação da Biodiversidade), sediada na aldeia adjacente de Obong Itam, está igualmente a colaborar com as duas aldeias (Ikot Uso Akpan e Obong Itam) para assegurar a execução de um projeto de pequenas subvenções das Nações Unidas para a recuperação de habitats, que teve início em 2010 e deverá terminar no final de 2012. O projeto está em curso, com a doação gratuita de mudas de árvores aos membros da comunidade para plantar as áreas degradadas com árvores indígenas e o fornecimento de água do furo à comunidade de Ikot Uso Akpan.

A área mais vasta do fragmento florestal é constituída por floresta secundária de cerca de cinco pequenas florestas sagradas com aproximadamente 0,75ha (Okuku), 0,5ha (Ikot Udo Inyang), 1,05ha (Idim Afia), 0,75ha (Etuk Ikwuad) e 1,85ha (Akamba Ikwuad), onde as pessoas não estão autorizadas a cultivar e que se diz serem o habitat dos macacos. Estas zonas florestais estão misturadas com arbustos agrícolas e palmeiras de óleo e rodeadas principalmente por plantações de palmeiras de óleo.

Os habitantes das comunidades adjacentes (Ikot Uso Akpan e Obong Itam) são principalmente agricultores de subsistência que também se dedicam ao comércio de Produtos Florestais Não Madeireiros (PFNM) colhidos na floresta e produtos agrícolas como meio de subsistência. Alguns dos membros da comunidade também se dedicam a outras actividades comerciais, como artesãos, motoristas e madeireiros.

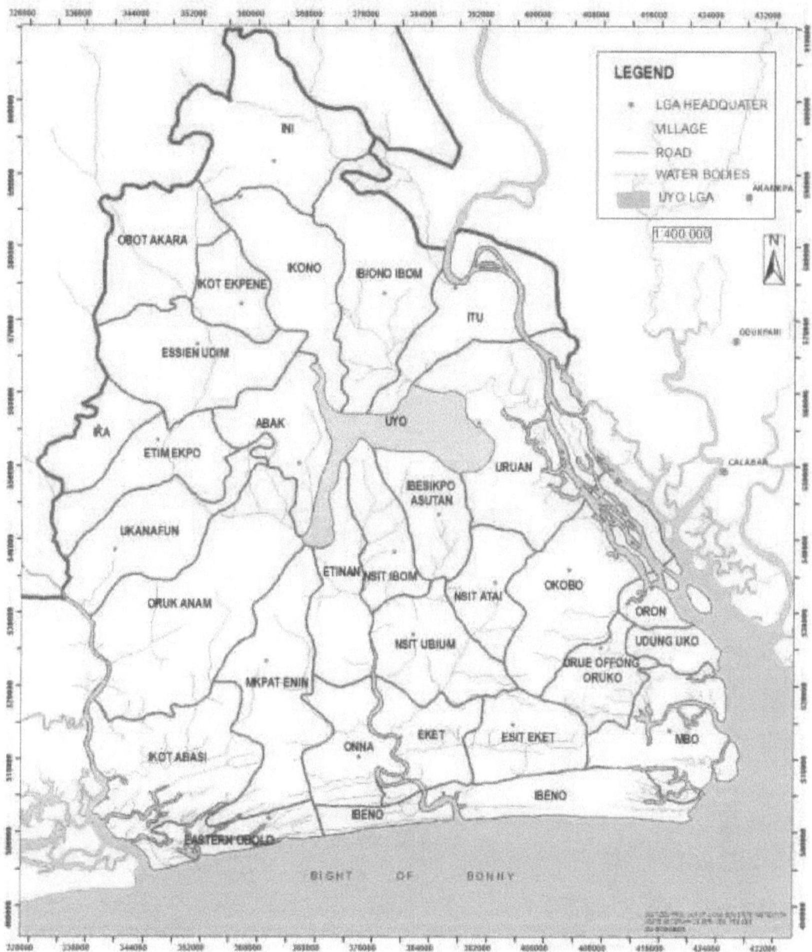

Figura 4. Mapa do Estado de Akwa Ibom e da área de estudo
Fonte: Offiong, Udofia e Etuk, 2011

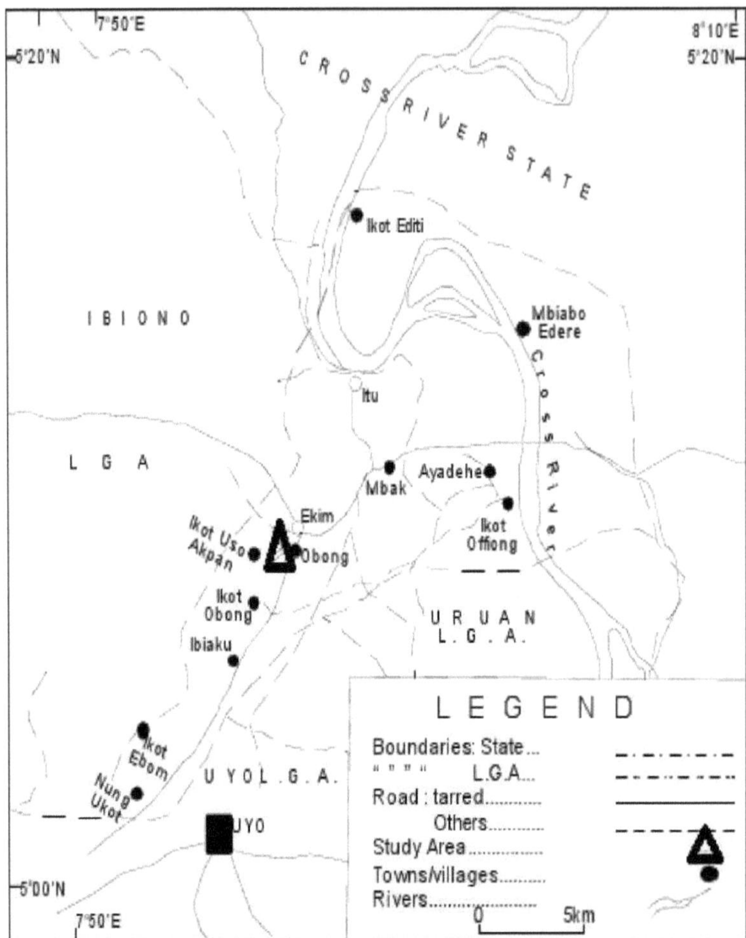

Figura 5: Mapa da área de estudo e das aldeias vizinhas

Fonte: Egwali, King, Eniang e Obot (2005)

3.2 Materiais utilizados na investigação

Os materiais utilizados no trabalho de campo da investigação foram os seguintes

i. Livro de dados de campo - Para a recolha de dados

ii. Uma máquina fotográfica digital Kodak - Para a recolha de fotografias

iii. Um binóculo - Para observação

iv. Um Sistema de Posicionamento Global (GPS) - Para obter a localização geográfica (coordenadas), a distância e a elevação.

v. Uma catana - Para a limpeza de transectos.

vi. Uma fita de 50 metros - Para medição

vii.   Dois (2) assistentes de campo - para a recolha de dados e como guia local.

viii.   Uma Biro - Para registar dados

ix. Mochilas - Para guardar e transportar os objectos necessários no terreno

x. Computador pessoal/portátil

xi. Impressora/copiadora

xii.   Dois pacotes de papel A4 - Para impressão e cópia

xiii.   A Medidor de diâmetro

xiv.   Uma bússola prismática

3.3 Recolha de dados
3.3.1 Inquérito de reconhecimento

Uma das condições prévias essenciais para obter um bom resultado de um inquérito é que o investigador esteja familiarizado com o objeto de estudo (Brockelman e Ali, 1987; Peres, 1997). Para o estudo do C. sclateri, isto foi assegurado através de um processo em três fases: Em primeiro lugar, o conhecimento sobre as caraterísticas físicas, vocalização e ecologia foi recolhido através da literatura e de uma pesquisa de reconhecimento na área do projeto. Na segunda etapa, o investigador passou alguns dias na estação de campo do Centro de Preservação da Biodiversidade (BPC) em Obong Itam (uma das aldeias que faz fronteira com a floresta comunitária) e participou nas actividades diárias de outros investigadores de primatas para adquirir a experiência prática necessária. O estudo de reconhecimento foi também apoiado por formação adicional durante o traçado do sistema de transectos para melhorar a capacidade do investigador para recensear os primatas visual e acusticamente.

3.3.2 Procedimentos de campo/arranjo espacial para o estudo dos primatas

Os primatas têm uma área de distribuição muito mais vasta do que 1 ha, pelo que o levantamento de *C. sclateri* foi feito numa linha de transecto que abrange até 2 km de comprimento, atravessando toda a floresta comunitária. A linha de transecto tem um diâmetro de 1m e estende-se até 10m em ambos os lados da linha de transecto.

O levantamento de *C. sclateri* na área de estudo foi realizado utilizando a técnica de Levantamento Direto designada *por método de Transecto em Linha*. Este método foi aplicado com sucesso em estudos anteriores nos trópicos (Janson e Goldsmith, 1995; Buckland, Anderson, Burnham, e Laake, Burchers e Thomas, 2001; Aguiar e Lacher, 2003; Egwali, King, Eniang e Obot, 2005; Quinten, 2008). O transecto de linha foi utilizado para a recolha de dados de presença-ausência de espécies, para estimativas de riqueza e composição de espécies e para a recolha de dados de censo.

No decurso de um levantamento por transectos lineares, é geralmente impossível detetar todos os objectos dentro da área que é estudada. O método dos transectos lineares tem em conta o pressuposto de que o objeto tem uma probabilidade crescente de ser detectado quando a sua distância em relação ao transecto diminui e que todos os objectos na (ou acima da) linha do transecto são sempre detectados (Buckland, Anderson, Burnham e Laake, 1993; Buckland, Anderson, Burnham e Laake, Burchers e Thomas, 2001; Barry e Welsh, 2001). Durante a análise dos dados, a relação pode ser modelada através da chamada função de deteção, que exprime a probabilidade de deteção a uma certa distância do transecto (Buckland, Anderson, Burnham e Laake, 1993; Buckland, Anderson, Burnham e Laake, Burchers e Thomas, 2001). Assim, foi possível estimar a proporção de objectos não detectados durante o recenseamento e calcular o número total de objectos dentro da área recenseada, bem como a sua densidade por unidade de área (Thomas, Buckland, Burnham, Anderson, Laake, *et al.*, 2002).

Para garantir estimativas exactas da densidade de *C. sclateris,* foram observados os três pressupostos fundamentais do método de transectos em linha (Buckland *et al.,* 1993, 2001; Quinten, 2008) em todos os levantamentos;

i. Os objectos diretamente sobre (ou acima) das linhas de transectos são sempre detectados

ii. Os objectos são detectados na sua localização inicial, antes de qualquer movimento induzido pelo observador

iii. Todas as distâncias (e ângulos, se for caso disso) são medidas com exatidão.

i. Frequência de amostragem

O levantamento de *C. sclateri* foi efectuado entre os intervalos de tempo das 7.00 às 9.00; 9.30 às 11.30; e 15.30 às 17.30 com a ajuda de dois habitantes locais experientes que estavam familiarizados com a área de estudo e com o macaco. Ambos os habitantes locais foram familiarizados com o equipamento de levantamento (GPS, telémetro e bússola de observação, binóculos, etc.) e com o protocolo de recenseamento. O inquérito foi realizado uma vez por semana durante mais de seis meses, de fevereiro a maio para o inquérito da estação seca e de junho a setembro de 2012 para o inquérito da estação das chuvas. O recenseamento foi evitado durante os dias chuvosos, principalmente por duas razões; em primeiro lugar, as gotas de chuva que caem na floresta criarão um fundo acústico desfavorável para o recenseamento, reduzindo a capacidade de ouvir os movimentos típicos dos animais, impedindo assim a deteção de *C. sclateri* que, de outra forma, teria sido registado (Peres, 1999). Em segundo lugar, observou-se que algumas espécies de primatas se movem pouco ou até permanecem imóveis numa árvore durante a chuva (Whitten, 1982; Feuntes, 1996), um comportamento que reduz a probabilidade de serem detectadas.

ii. Formulários de dados e entrada de dados

A informação recolhida durante cada levantamento censitário foi registada numa ficha de dados alterada do Protocolo de Primatas da Iniciativa TEAM - Line Transect Data Form, tal como recomendado por Buckland *et al.,* (2001) e Quinten (2008). Sempre que um levantamento for efectuado em qualquer um dos trilhos, a respectiva data, hora (início/fim) e número do trilho serão registados numa folha de dados apropriada. Para cada observação/deteção específica durante o censo, será registada a hora do encontro, o número de indivíduos, a composição do grupo, a distância perpendicular à linha do transecto (medida ou estimada) e as condições meteorológicas. Qualquer tipo de acontecimento significativo que acompanhe uma observação, bem como um comentário relevante que o especifique, serão igualmente registados. Um exemplo de registo na folha de dados é apresentado no quadro 3.

Quadro 2: Parâmetros do inquérito e exemplo de introdução de uma folha de dados do inquérito

ID	Data	Número da faixa	Hora: início / fim	Hora do encontro	N.º de indivíduos	Composição do grupo	Distância perpendicular Med. Estim.
-	-	-	-	-	-	-	-
23	08/09	BT 05	7.09/12.34	8.36	5	3 Adulto,	45m -

	2 Juvenil					

Fonte: Buckland *et al.*, (2001) e Quinten (2008)

3.3.3 Avaliação do perfil da floresta

Para permitir uma visão geral do perfil da floresta, será examinado um local de amostra representativo dentro dos fragmentos florestais na área de estudo. Foram estabelecidas duas parcelas de inventário de 50m x 50m e 50m x 70m dentro da floresta comunitária e os seus limites foram delineados, tendo sido recolhidos os seguintes parâmetros para cada árvore com um diâmetro à altura do peito (DAP) de 10cm e superior, tal como descrito por Quinten (2008);

- Posição X/Y dentro da parcela utilizando uma fita métrica simples;

- DBH, circunferência;

- Altura da árvore,

- Altura do ramo (altura do primeiro ramo),

- Dimensão da coroa; e

- Identificação das espécies de árvores.

Quadro 3: Parâmetros do inquérito e exemplo de introdução de uma folha de dados do inquérito

ID	ESPÉCIES DE ÁRVORES	CIRCUNFERÊNCIA (CM)	DAP (CM)	ALTURA DA ÁRVORE (M)	ALTURA DO TRONCO (M)	DIRECÇÃO X/Y (M)	DIMENSÃO DA COROA (M)			
							N	S	E	W
-	-	-	-	-	-	-	-	-	-	-
14	*E. guineensis*	23	17	35	29	1.7/0.8	0.6	0.1	0.4	0.3
-	-	-	-	-	-	-	-	-	-	-

Fonte: Quinten, 2008

3.4 Análise de dados

A estatística descritiva foi utilizada para ilustrar a taxa de encontros de *Cercopithecus sclateri* na área de estudo, enquanto que o Qui-quadrado (X^2) e *o Teste T de Student* foram utilizados para determinar as diferenças entre os encontros de primatas na estação das chuvas e na estação seca. Além disso, a população da área de amostragem e a população total serão calculadas da seguinte forma;

Densidade populacional ( ) $\hat{D}$

$$\hat{D} = \frac{n}{2Lw} \qquad (2)$$

em que n = número de objectos observados

L = comprimento total do transecto

w = largura da tira

Substituindo *w* por *a* obtemos

$$\hat{D} = \frac{n}{2La} \qquad (3)$$

em que *a* = metade da largura efectiva da faixa (ESW).

A constante *"a"* é simplesmente a área total sob a função de deteção **g(x)**:

$$a = \int_{0}^{w} g(x)dx \qquad (4)$$

Função de deteção

g(x) = Pr{object observed | x} $\qquad (5)$

= probabilidade de observar um objeto dado que este se encontra a uma distância "x" da linha.

O problema básico na estimativa da densidade é estimar o parâmetro *a*, ou equivalentemente, *1/a*.

Subjacente a qualquer variável aleatória contínua, como a distância de deteção, existe uma **função de densidade de probabilidade (pdf)**, designada por **f(x)**.

f(x) pode ser considerada como a pdf subjacente a partir da qual os dados de distância observados foram gerados (por exemplo, pdf normal, pdf exponencial negativa). Pode demonstrar-se que f(x) e g(x) estão relacionadas por:

$$f(x) = \frac{g(x)}{a}$$

$$(6)$$

Tal como referido por Burnham et al. (1980), esta equação mostra que **f(x)** é simplesmente **g(x)** **à escala para integrar em 1** (e, por conseguinte, ser uma pdf válida).

O pressuposto crítico que permite a estimativa a partir de dados de distância é que todos os objectos localizados diretamente na linha (distância = 0) são detectados, ou seja, **g(0) = 1.**

If   g(0) = 1, then   f(0) = 1/â   (7)

Se pudermos estimar f(0), então podemos estimar *a* como:

$$\hat{a} = \frac{1}{\hat{f}(0)}$$

$$(8)$$

A equação para estimar a densidade (**D = *n/2La***) pode ser reescrita em termos de **f(0)**:

$$\hat{D} = \frac{n\hat{f}(0)}{2L}$$

$$(9)$$

ii. Avaliação do perfil das árvores

O perfil da floresta foi analisado utilizando o programa *'Tree Draw'* Versão 3.0, Stand Visualization System (SVS). O Microsoft Excel foi utilizado para a imputação de dados e apresentação de uma vista aérea e bidimensional dos dados das parcelas de amostragem da área de estudo.

CAPÍTULO 4

RESULTADOS E DEBATE

4.1 Resultados

4.1.1 Dados de recenseamento do Guenon de Sclater *(Cercopithecus sclateri)*

4.1.1.1 Censo da estação seca do Guenon de Sclater

O resultado do Quadro 4 mostra o censo da estação seca de *C. sclateri* na floresta comunitária de Ikot Uso Akpan. Foi efectuado um total de 15 censos na área de estudo (três vezes em cada um dos cinco fragmentos florestais). Isto resultou num total de 81 contagens individuais que pertencem a uma contagem de grupo de 16 grupos de *C. sclateri*. A população adulta de *C. sclateri* foi mais abundante (77,5%) em comparação com a população juvenil (22,5%). A contagem de indivíduos entre os 15 dias de contagem variou entre 4 e 13 indivíduos. Foi observado um máximo de 2 grupos de *Cercopithecus sclateri* em 6 dos 15 dias de recenseamento, com contagens de indivíduos que variaram entre 7 e 13/dia. Em 4 dias foi observado um único grupo de *C. sclateri* com indivíduos que variaram entre 4 e 8 indivíduos/dia. Também não foram efectuadas observações ou contagens em 5 dos 15 dias de contagem.

A análise do censo de *C. sclateri* na estação seca (Tabela 5) mostrou que a contagem média de adultos, juvenis, indivíduos, grupos e locais foi de 4,13, 1,26, 5,27, 1,2 e 0,67, respetivamente. O desvio padrão entre os vários parâmetros variou entre 0,49 na contagem no local e 4,57 na contagem individual. Além disso, o limite de confiança entre os parâmetros mostrou que a contagem individual tinha o limite mais elevado de 0,65 e a contagem no local tinha o limite mais baixo de 0,07. Além disso, a análise da precisão percentual mostrou que a contagem de juvenis teve a maior precisão percentual (15,10%) e a contagem de grupos teve a menor precisão percentual (8,30%).

Quadro 4: Recenseamento do guenon de Sclater durante a estação seca na floresta comunitária de Ikot Uso Akpan

	OBSERVAÇÃO					FREQUÊNCIA DA PARCELA COM AVISTAMENTO
DATA DE CENSURA	NOME DA TRANSACÇÃO	ADULTO	JUVENIL	CONTAGEM INDIVIDUAL	GRUPO CONTAGEM	
1/2/2012	Ikwatl	10	3	13	2	1
8/2/2012	Ikwat2	6	2	8	1	1
15/2/12	Okuku	5	-	5	1	1
22/2/12	IkotInyang	-	-	-	-	-
29/2/12	IdimAfia	5	2	7	2	1

Data	Local	Adulto	Juvenil	Contagem individual	Contagem de grupos	Sítio
7/3/2012	Ikwat1	7	3	10	2	1
14/3/12	Ikwat2	-	-	-	-	-
21/3/12	Okuku	4	-	4	1	1
28/3/12	Ikot Inyang	-	-	-	-	-
4/4/2012	IdimAfia	-	-	-	-	-
11/4/2012	Ikwat1	8	3	11	2	1
18/4/12	Ikwat2	5	2	7	2	1
25/4/12	Okuku	3	1	4	1	1
2/5/2012	Ikot Inyang	-	-	-	-	-
9/5/2012	IdimAfia	7	3	10	2	1
Total		**62**	**19**	**81**	**16**	**10**
Percentagem (%)		**77.5**	**22.5**	**100**	**100**	**100**

Quadro 5: Análise do censo da estação seca para o guenon de Sclater

PARÂMETROS	MEIO	DESVIO PADRÃO	Limite DE 95% DE CONFIANÇA	PRECISÃO PERCENTUAL (%)
Adulto	4.00	3.36	0.50	12.11
Juvenil	1.27	1.33	0.19	15.10
Contagem individual	5.33	4.57	0.65	12.33
Contagem de grupos	1.2	0.68	0.10	8.30
Sítio	0.67	0.49	0.07	10.45

Recenseamento do Guenon de Sclater na estação das chuvas

O resultado do censo da estação das chuvas de *Cercopithecus sclateri* na floresta da comunidade de Ikot Uso Akpan (Quadro 6) mostra que foi efectuado um total de 86 contagens de indivíduos pertencentes a uma contagem de 18 grupos. O resultado também mostrou que a população adulta de *Cercopithecus sclateri* era mais abundante (75,58%) na área de estudo do que a população juvenil (24,42%). As contagens individuais variaram entre 3 e 12 indivíduos, e foi observado um máximo de 2 grupos de *C. sclateri* em 6 dias de censo, com contagens individuais que variaram entre 8 e 12 indivíduos/dia. Foi observado um único grupo de *Cercopithecus sclateri* em 6 dias de recenseamento, com contagens de indivíduos que variaram entre 3 e 7 indivíduos/dia. Não se registaram observações ou contagens em 3 dias de censo na estação seca.

A análise do censo de *C. sclateri* na estação chuvosa (Tabela 7) mostrou que a contagem média de todos os adultos, juvenis, indivíduos, grupos e locais na área de estudo foi de 4,33, 1,40, 5,73, 1,2 e 0,8, respetivamente. O desvio padrão entre os parâmetros mostrou que a contagem individual tinha o limite mais elevado de 3,75 e a contagem no local tinha o limite mais baixo de 0,41. Além disso, o limite de confiança dos vários parâmetros variou entre 0,11 na contagem de grupos e 4,57 na contagem de indivíduos. Além disso, a análise da precisão percentual mostrou que a contagem no local tinha a precisão percentual mais elevada (72,50%) e a contagem de adultos tinha a precisão percentual mais baixa (9,01%)

Quadro 6: Recenseamento na estação das chuvas do guenon de Sclater na floresta comunitária de Ikot Uso Akpan

DATA DE CENSURA	NOME DA TRANSACÇÃO	OBSERVAÇÃO		CONTAGEM INDIVIDUAL	CONTAGEM DE GRUPOS	FREQUÊNCIA DA PARCELA COM AVISTAMENTO
		ADULTO	JUVENIL			
6/6/2012	Ikwatl	9	3	12	2	1
13/6/2012	Ikwat2	3	2	5	1	1
20/6/2012	Okuku	3	-	3	1	1
27/6/2012	Ikot Inyang	4	1	5	1	1
4/7/2012	IdimAfia	5	2	7	1	1
11/7/2012	Ikwatl	-	-	-	-	-
14/3/2012	Ikwat2	7	2	9	2	1
21/3/2012	Okuku	4	-	4	1	1
28/3/2012	Ikot Inyang	-	-	-	-	-
4/4/2012	IdimAfia	6	2	8	2	1
11/4/2012	Ikwatl	7	3	10	2	1
18/4/2012	Ikwat2	5	2	7	1	1
25/4/2012	Okuku	6	2	8	2	1
2/5/2012	Ikot Inyang	-	-	-	-	-
9/5/2012	IdimAfia	6	2	8	2	1
Total		**65**	**21**	**86**	**18**	**12**
Percentagem (%)		**75.58**	**24.42**	**100**	**100**	**100**

Quadro 7: Análise do censo da estação seca para o guenon de Sclater

PARÂMETROS	MEIO	DESVIO PADRÃO	LIMITE DE CONFIANÇA DE 95%	PRECISÃO PERCENTUAL (%)
Adulto	4.33	2.74	0.39	9.01
Juvenil	1.40	1.12	0.16	11.43
Contagem individual	5.73	3.75	0.54	9.42
Contagem de grupos	1.2	0.77	0.11	9.17
Sítio	0.8	0.41	0.58	72.50

4.1.1.3   Estimativas de precisão para 15 censos de Guenon de Sclater

O resultado da Figura 6 - 13 indica a estimativa da precisão do censo do guenon de Sclater tanto na estação seca como na estação das chuvas na floresta comunitária de Ikot Uso Akpan. O resultado desta análise mostrou que a precisão variou em todos os parâmetros (adultos, juvenis, contagem individual e contagem de grupos) em ambas as estações. A percentagem de precisão dos adultos (estação seca) variou entre 12,11% e 62,29%, enquanto a dos adultos (estação das chuvas) variou entre 9,01% e 48%. A percentagem de precisão dos juvenis variou entre 15,1% e 95,2% na estação seca e 11,43% e 68,67% na estação das chuvas. Na contagem individual, a percentagem de precisão variou entre 12,33% e 66,62% na estação seca e entre 9,24% e 50,24% na estação das chuvas. A percentagem de precisão da contagem do grupo do guenon de Sclater na área de estudo para a estação seca variou entre 8,30% e 65% e entre 9,17% e 32% na estação das chuvas.

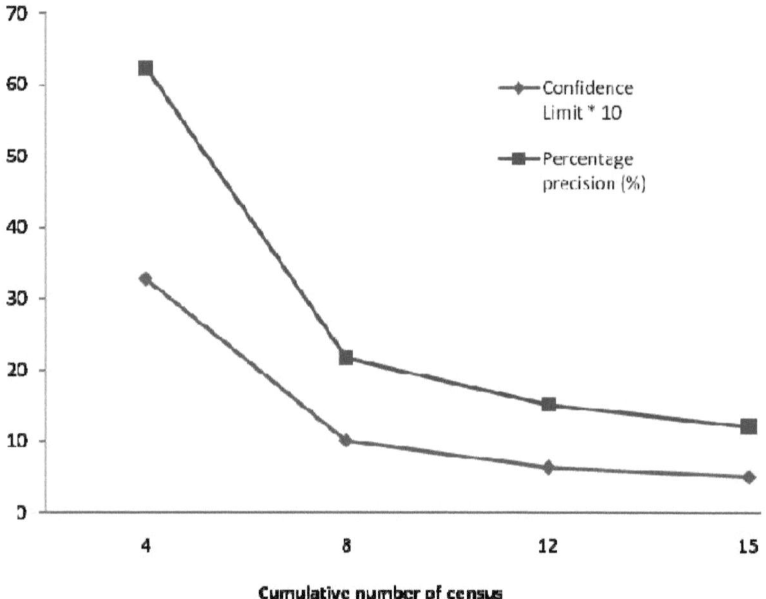

Figura 6: Estimativas de precisão para 15 censos da estação seca do guenon de Sclater (adulto)

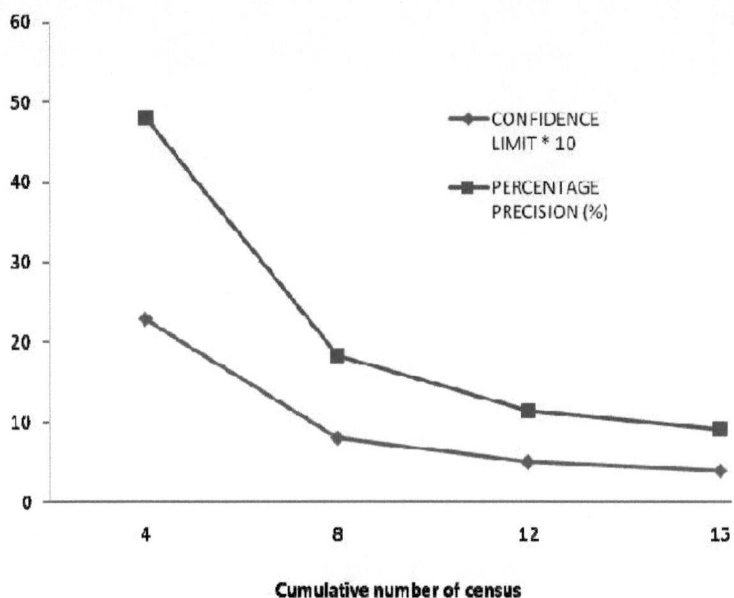

Figura 7: Estimativas de precisão para 15 censos da estação das chuvas do guenon de Sclater (adulto)

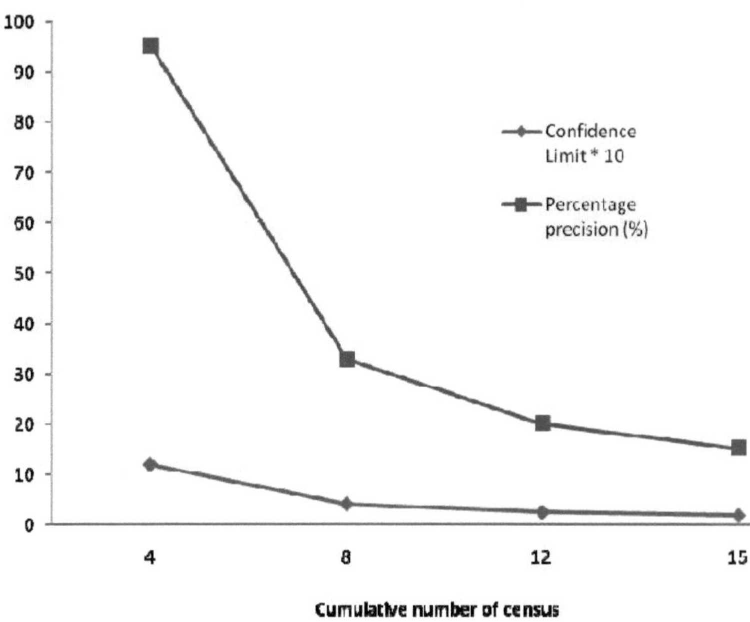

Figura 8: Estimativas de precisão para 15 censos de guenon de Sclater (juvenil) na estação seca

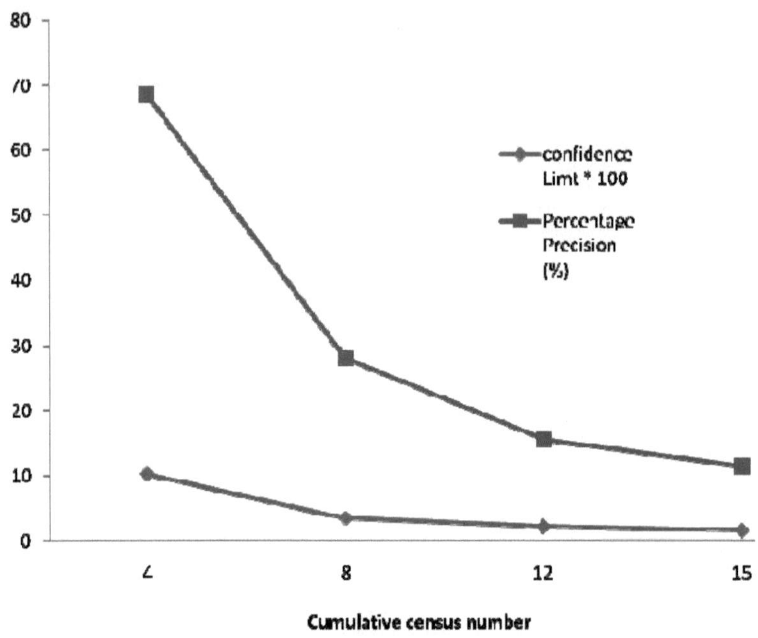

Figura 9: Estimativas de precisão para 15 censos da estação das chuvas do guenon de Sclater (juvenil)

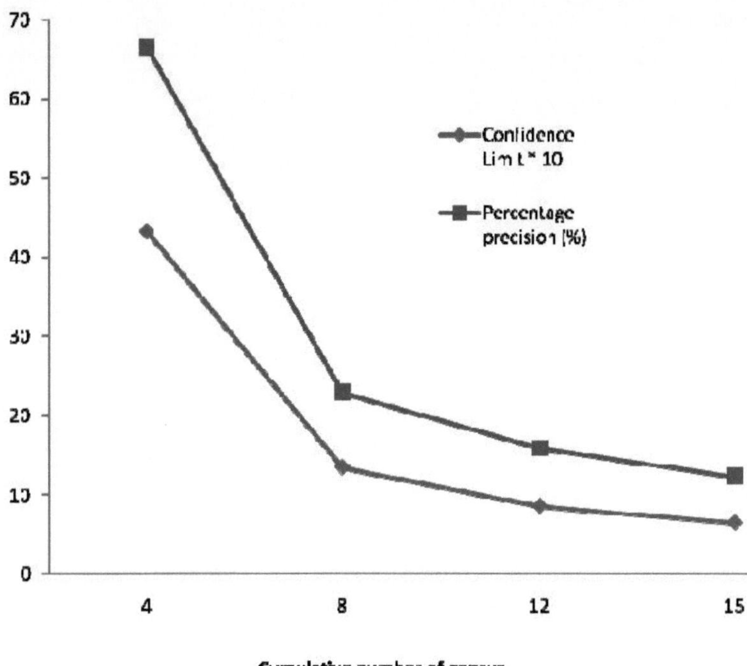

Figura 10: Estimativas de precisão para 15 recenseamentos da estação seca do guenon de Sclater (Indivíduo)

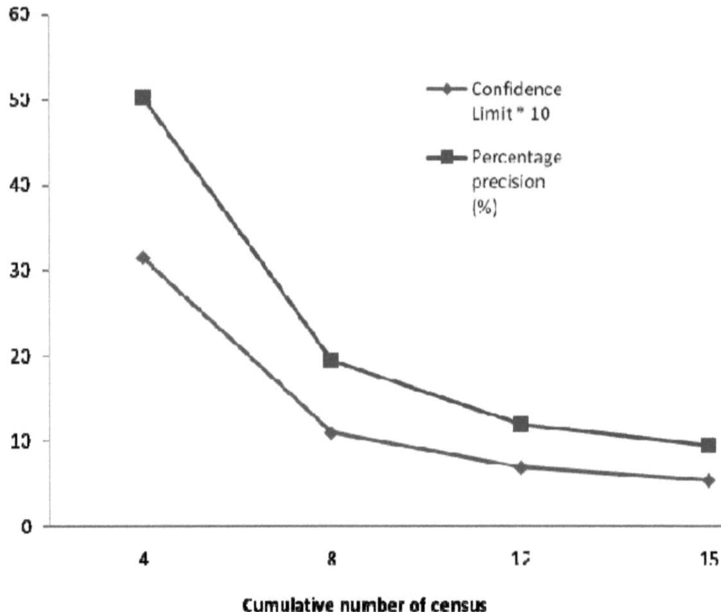

Figura 11: Estimativas de precisão para 15 censos da estação das chuvas do guenon de Sclater (indivíduo)

46

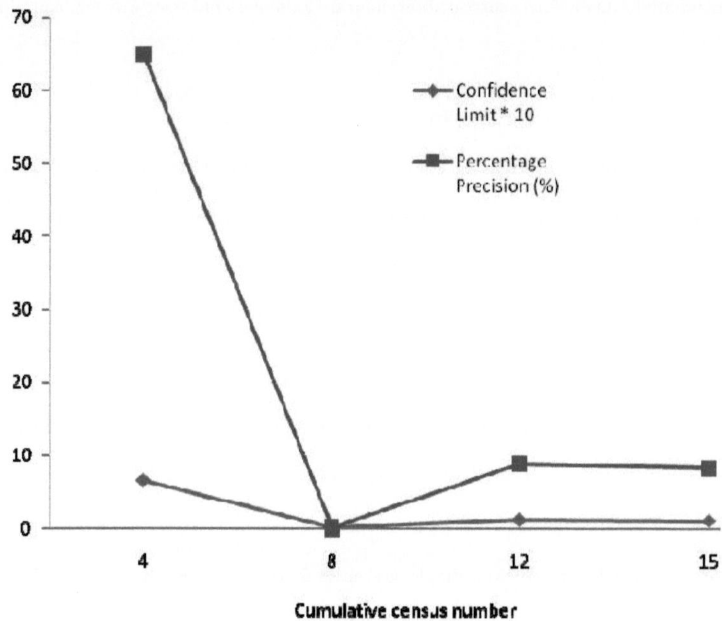

Figura 12: Estimativas de precisão para 15 censos da estação seca do guenon de Sclater (Grupo)

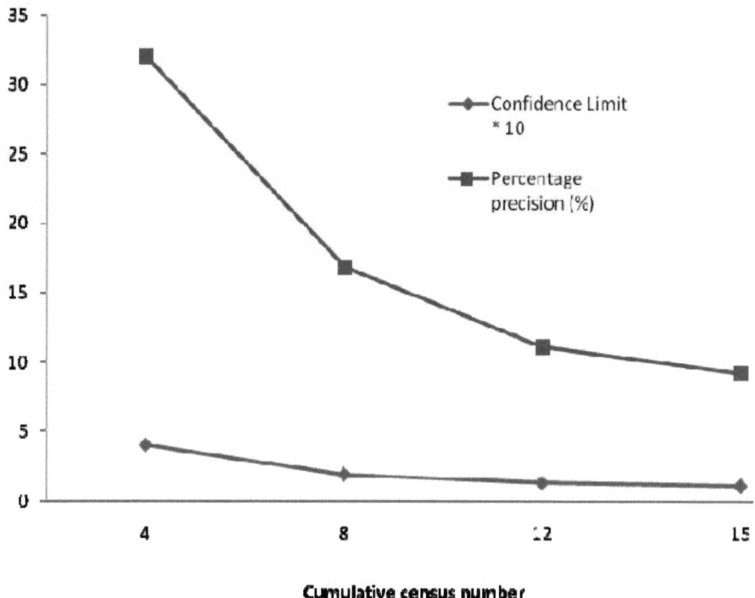

Figura 13: Estimativas de precisão para 15 censos da estação das chuvas do guenon de Sclater (grupo)

4.1.1.4   Estimativas da distância entre o observador e o animal quando este é avistado pela primeira vez

O resultado da estimativa da distância entre o observador e o animal quando avistado pela primeira vez durante a estação seca e chuvosa (Figura 14) indica que foi efectuado um total de 16 encontros na estação seca e 18 encontros na estação chuvosa. Como se pode ver na Figura 14, cada encontro de observação em grupo foi contabilizado como um único encontro, independentemente do número de *Cercopithecus sclateri* que foi observado no grupo.

Na estação seca, não foi encontrado nenhum grupo de *Cercopithecus sclateri* num raio de 5 m do transecto linear. Uma maior proporção dos encontros efectuados na estação seca foi encontrada a 21m e 35m de largura da linha do transecto. O resultado da observação da estação das chuvas mostrou que houve uma observação de *Cercopithecus sclateri* ao longo de toda a largura das linhas do transecto, o que não foi observado no censo da estação seca. A maioria dos encontros na estação das chuvas foi observada entre os 11m e os 25m de largura da linha de transecto.

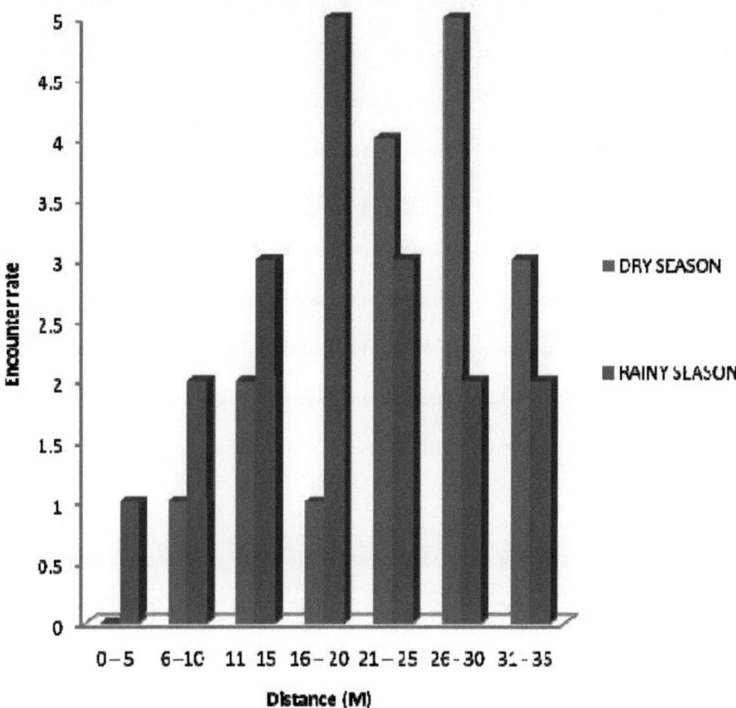

Figura 14: Estimativas da distância entre o observador e o animal quando este é avistado pela primeira vez

4.1.1.5   Diferenças entre o recenseamento na estação seca e na estação das chuvas

O resultado apresentado no Quadro 4.7 indica a diferença entre os vários parâmetros medidos durante o censo do guenon de Sclater na zona de estudo. O resultado mostra que houve diferença entre todos os parâmetros medidos durante a estação seca e a estação das chuvas. Foi observado um total de 62 adultos de guenon de Sclater na estação seca, o que foi inferior à observação de 65 adultos na estação das chuvas, com uma média de 63,5 adultos/época e 4,23 adultos/transecto. A população juvenil encontrada na zona foi de 19 e 21 na estação seca e na estação das chuvas, respetivamente. O encontro de juvenis teve uma média de 20/época e de 1,33 encontros/transecto estudado.

Além disso, a contagem individual de *Cercopithecus sclateri* na estação seca foi inferior à contagem da estação das chuvas, que foi de 86 indivíduos. A média da contagem individual/estação foi de 83,5, com uma média de encontros individuais/transecto de 5,56 indivíduos. A contagem de grupos de *Cercopithecus sclateri* foi de 16

49

na estação seca e de 18 na estação das chuvas. Em ambas as estações houve uma contagem média de 17 grupos e uma média de 1,13 grupos/transecto na área de estudo. Um total de 10 dos 15 locais inquiridos na estação seca registou um encontro, enquanto 12 locais registaram um encontro na estação das chuvas. A taxa de encontros sazonais teve uma média de 11 encontros/local e 0,73 encontros/local médio/transecto pesquisado. Foi necessário um total de 415m de distância perpendicular na estação seca para efetuar um total de 81 contagens de indivíduos e 16 contagens de grupos na área de estudo e um total de 275m de distância perpendicular na estação das chuvas para efetuar um total de 86 contagens de indivíduos e 18 contagens de grupos na área de estudo. A distância perpendicular média sazonal foi de 345 m para um total de 83,5 contagens de indivíduos e 17 contagens de indivíduos, enquanto a distância perpendicular média por transecto estudado foi de 23 m para um total de 5,56 contagens de indivíduos e 1,13 contagens de grupos na floresta comunitária de Ikot Uso Akpan.

No entanto, uma análise das diferenças entre todos os parâmetros medidos nas duas estações (Quadro 4.8) não revelou diferenças significativas (p > 0,05; p > 0,10), exceto no que se refere diferenças nas distâncias perpendiculares entre a estação seca e a estação das chuvas, que se observou serem significativamente diferentes (p < 0,05; p < 0,10)

Quadro 8: Diferenças entre o recenseamento na estação seca e na estação das chuvas

Variáveis	Adulto	Juvenil	Contagem individual	Contagem de grupos	Sítio	Distância (m)
Época						
Seco	62	19	81	16	10	415
Chuvoso	65	21	86	18	12	275
Total	127	40	167	34	22	690
Média/época	63.5	20	83.5	17	11	345
Média/Transecto	4.23	1.33	5.56	1.13	0.73	23

Tabela 9: Teste de significância entre a estação seca e a estação chuvosa

VARIÁVEIS	T- Cal	T - Tab (P = 0,05)	T - Tab (P = 0,10)	Nível de significância
Adulto	0.54	2.01	1.68	Ns
Juvenil	0.83	2.04	1.70	Ns
Contagem individual	0.61	1.98	1.66	Ns
Contagem de grupos	0	2.04	1.70	Ns
Sítio	0.77	2.09	1.72	Ns
Distância	41	1.96 **	1.64*	significativo

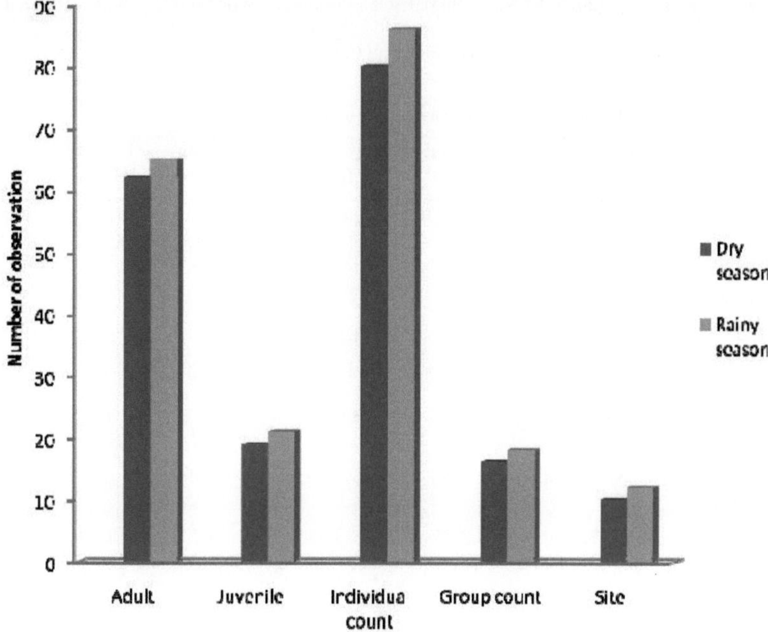

Figura 14: Diferenças nos parâmetros do censo ao longo das estações

4.1.1.6   Densidade, Abundância e Biomassa do Guenon de Sclater

Com o objetivo de estimar a densidade, a abundância e a biomassa da população de guenon de Sclater na área de estudo, foi utilizado na análise um conjunto de dados que contém todos os registos do levantamento de 2002 a 2008 na área de estudo. A Tabela 4.9 lista todos os parâmetros em que se baseia a análise e os respectivos valores obtidos em cada ano de estudo. Uma nota importante relativamente aos resultados obtidos para os anos anteriores é o método de censo que foi aplicado para estimar a população de guenon de Sclater na área de estudo. Os desenhos dos inquéritos de todos os anos anteriores eram ligeiramente diferentes do utilizado neste estudo. Todos os anos anteriores utilizaram o método de inquérito por pontos, ao passo que neste estudo foi utilizado o método de transecto em linha. Como consequência deste método de inquérito, os dados populacionais obtidos em 2012 revelaram um aumento da densidade de aglomerados/grupos quando comparados com os dados obtidos por Egwali *et al.* (2005). No entanto, a população individual (82 indivíduos/km²), a densidade populacional total (57,40 indivíduos/km²), a densidade de biomassa (266,5 kg/km²)e a biomassa populacional total (190,35kg/km2) do guenon de Sclater obtidas no presente estudo foram inferiores às de Egwali *et al.* (2005) e Okon (2004). Estes valores obtidos no presente estudo foram superiores aos obtidos por Essien (2008), Udoedu (2004) e Ibong (2002).

Quadro 10: Densidade, abundância e biomassa do guenon de Sclater

Parâmetros	Inquérito de campo (2012)	Essien (2008)	Egwali et al. (2005)	Okon (2004)	Udoedu (2004)	Ibong (2002)
Método de inquérito	Transecto de linha	Inquérito por pontos	Inquérito por pontos	Inquérito por pontos	Inquérito por pontos	Inquérito por pontos
Taxa média de encontro (n/L)	1.18	-	-	-	-	-
Densidade de aglomerados/grupos (km⁻¹)	16.86+0.99	-	14.29+2.86	-	-	-
Densidade individual (km⁻¹)	82+2.64	53.26	85+3.57	82.06	70.32	80
Densidade populacional (D)	57.40+1.85	38	59.5+2.5	58	50	56
Peso médio (kg)	3.25	3.25	3.25	3.25	3.25	3. 25
Densidade da biomassa (kg/km^2)	266.5+8.58	173.10	276.25+11.6	266.70	228.54	260
Biomassa da população (kg)	190.35+9.81	269.75	193.38+8.13	188.50	162.50	182

4.1.1.7 Estrutura populacional do Guenon de Sclater

O resultado da Figura 4.11 mostra a estrutura populacional do guenon de Sclater na floresta comunitária de Ikot Uso Akpan obtida num período de dez anos. Os dados de recenseamento obtidos pelo trio Essien (2008), Okon (2004) e Udoedu (2004) não foram utilizados para a análise da estrutura populacional do guenon de Sclater, para além dos dados de recenseamento de Ibong (2002), Egwali *et al.* (2005) e dos actuais dados de campo na área de estudo, porque se tratava de um somatório de toda a estrutura populacional, pelo que não puderam ser utilizados. Como indicado no resultado (Figura 4.11), a população adulta foi maior do que a população juvenil durante o período de dez anos (2002 - 2012). Entre o período de dez anos, o resultado mostrou que a população adulta da espécie macaco em 2005 diminuiu 6,9% em relação aos dados do censo de 2002 e aumentou 14,8% nos dados do censo de 2012. O resultado da análise da variação da população adulta entre os três dados do recenseamento ao longo do período de dez anos foi considerado não significativamente diferente entre si, de acordo com o valor calculado do qui-quadrado de 0,205, que era inferior ao valor crítico do qui-quadrado de 3,841 ao nível de significância de $X^2 = 0,05$ e 2,706 ao nível de significância de $X^2 = 0,10$

com 1 grau de liberdade.

No entanto, durante o período em análise, registou-se um aumento da população juvenil de guenon de Sclater em 2005 de 27,27% em relação aos dados do censo de 2002 e uma diminuição de 35,48% nos dados do censo de 2012. A variação da população juvenil de guenon de Sclater ao longo do período de dez anos também não foi significativamente diferente entre si, com um valor calculado de qui-quadrado de 2,88, que foi inferior ao valor crítico de qui-quadrado de 3,841 a $X^2 = 0,05$, mas foi significativamente diferente entre si com um valor crítico de qui-quadrado de 2,706 a $X^2 = 0,10$ ao nível de significância com 1 grau de liberdade.

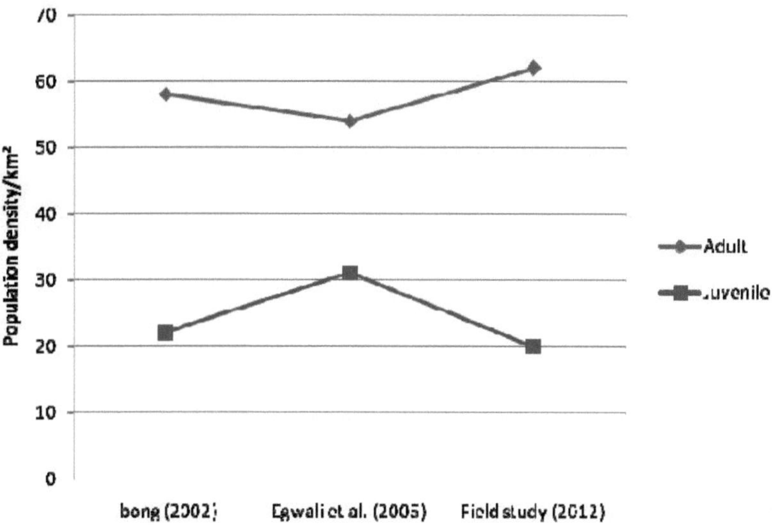

Figura 15: Estrutura populacional do guenon de Sclater na floresta comunitária de Ikot Uso Akpan

4.1.2 Avaliação da vegetação

Durante este inventário, foi registado um total de 72 árvores individuais nas duas parcelas de amostragem. Estas pertencem a 24 espécies diferentes e a 20 famílias. Anacardiaceae e Moraceae tiveram o maior número de árvores presentes (10 árvores), enquanto Bignoniaceae, Lauraceae, Palmae e Burseraceae tiveram 1 espécie de árvore presente, respetivamente. Todas as famílias e espécies de árvores estão listadas na Tabela 11 e também a lista de árvores no *Apêndice 5*, onde todas as espécies de árvores estão listadas) e todos os dados para as duas parcelas de amostra foram subsequentemente processados para permitir uma visualização do povoamento florestal sob a forma de um perfil de floresta (secção transversal e vista superior). Os resultados deste exercício, baseado no programa *TreeDraw©* (K. *STAUPENDAHL/ARG^5 Forsttechnik)* são apresentados nas Figuras 20, 21, 26 e 27. Para além disso, *os Apêndices 3 e 4* mostram uma vista alternativa.

Tabela 11: Lista das famílias de árvores nas parcelas de amostragem

S/N	Árvore da família	Número de árvores presentes
1.	Apocináceas	3
2.	Cecropiaceae	3
3.	Fabáceas	3
4.	Euphorbiaceae	2
5.	Flacourtiaceae	5
6.	Bignoniaceae	1
7.	Anacardiaceae	10
8.	Leguminosas	6
9.	Moráceas	10
10.	Lauraceae	1
11.	Dracaenaceae	3
12.	Anonáceas	3
13.	Myristicaceae	5
14.	Palmae	1
15.	Burseraceae	1
16.	Malvaceae	4
17.	Rubiáceas	2
18.	Carabídeos	5
19.	Amaranthaceae	2
20.	Sapotáceas	2

Na parcela de amostragem no fragmento florestal de Okuku, foi enumerado um total de 23 árvores pertencentes a 10 famílias e 10 espécies. A altura da árvore mais pequena na parcela de amostragem com um diâmetro à altura do peito (dbh) superior a 10 cm foi de 6,8 m, enquanto a árvore maior atingiu uma altura de 27,8 m, com uma altura média de 11,8 m e um desvio padrão de 6,1 (Figura 17). A árvore enumerada na parcela de amostragem de Okuku tinha um dbh mínimo de 10,2cm e um dbh máximo de 108,6cm com um dbh médio de 33,8cm e um desvio padrão de 31,9 (Figura 18). Por conseguinte, a área basal total das árvores com mais de 10 cm na parcela de amostragem era de 265,4 cm³, o que equivale a 4623,6 por acre. Observou-se que dezanove das árvores da amostra pertenciam à classe de altura de 5 - 15m, enquanto 2 de cada uma das restantes 4 espécies de árvores da amostra pertenciam a uma classe de altura de 16 - 25m e 26 - 35m, respetivamente. No entanto, observou-se que *Anillopsis soyauxii* era a árvore mais dominante na população da amostra com a frequência mais elevada de 5 árvores individuais, seguida de *Berlinia grandiflora* com uma frequência de 4 árvores individuais, enquanto *Autrenella congolensis*, *Ballionoiia toxisperma* e *Xylopia aethiopica* tinham a frequência mais baixa de 1 árvore individual cada (Figura 18).

Em Ikwat 1, a parcela de amostragem continha um total de 49 árvores pertencentes a 18 espécies e 16 famílias. A altura da árvore mais pequena com dbh superior a 10 cm no fragmento Ikwat 1 era de 5,9 m com um diâmetro de 12,1 cm e a árvore mais alta tinha 24,9 m com um dbh de 56,8 cm (Figura 23). A altura média e o dbh das árvores enumeradas no fragmento Ikwat 1 foram de 25,5 cm e 12,0 m, com um desvio padrão de 10,3 cm e 4,3 m, respetivamente (Figura 24). A área basal total das árvores amostradas na parcela foi de 242,5 (3523,4/acre) e o número de árvores na parcela de amostragem foi equivalente a 853 árvores/acre. Além disso, a espécie arbórea dominante na parcela de amostragem foi *Ficus thoningii* com uma frequência de 10 árvores individuais, seguida de *Spondias mombin* com uma frequência de 8 árvores individuais, enquanto as restantes 16 espécies arbóreas tiveram uma frequência que variou entre 5 e 1 árvore individual cada (Figura 25).

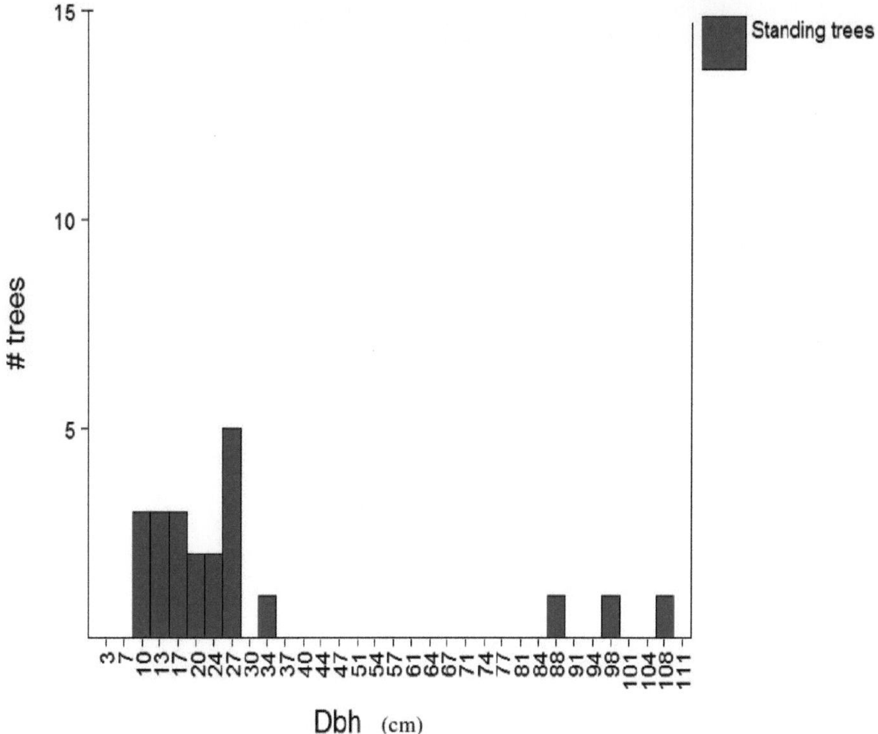

Figura 16: Distribuição das classes de diâmetro das árvores no fragmento de Okuku

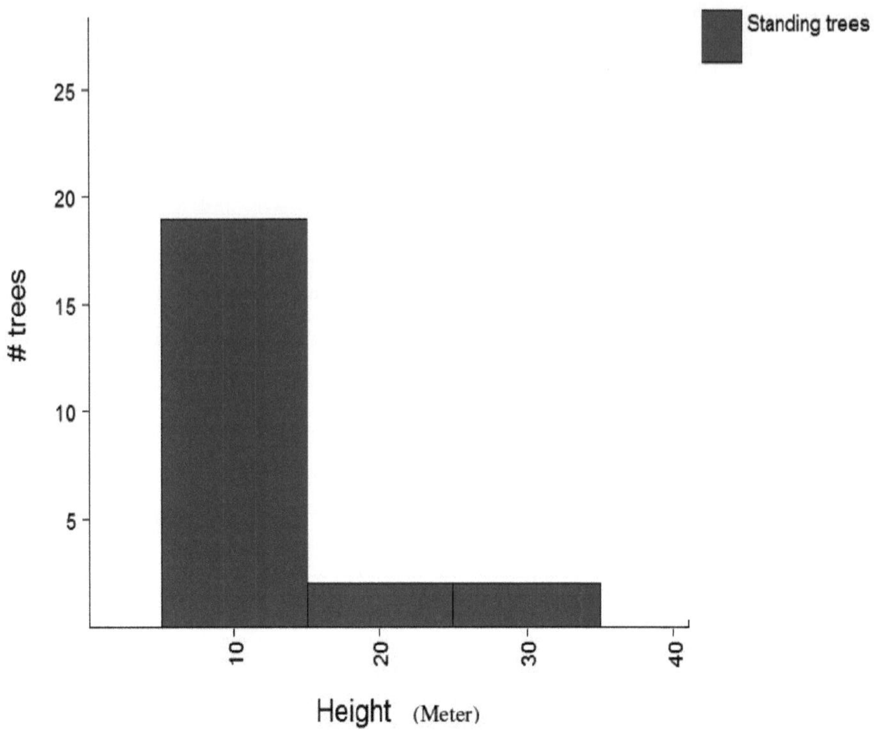

Figura 17: Distribuição da altura das árvores no fragmento Okuku

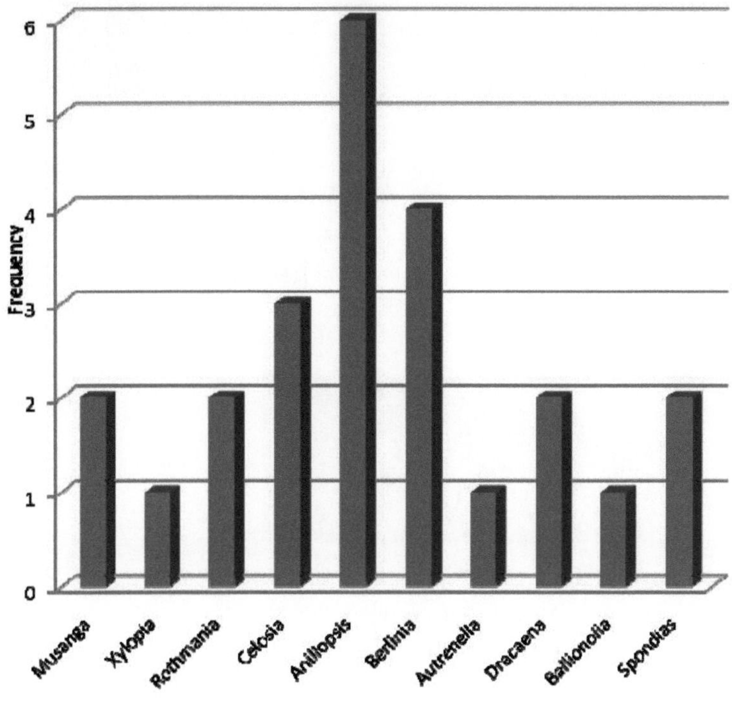

Figura 18: Distribuição das espécies de árvores no fragmento de Okuku

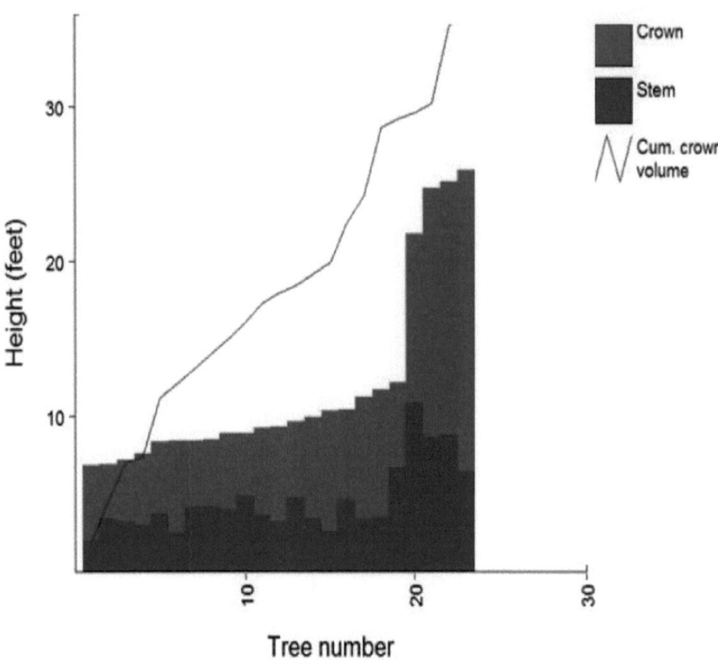

Figura 19: Distribuição da altura e do tamanho da copa das árvores no fragmento de Okuku

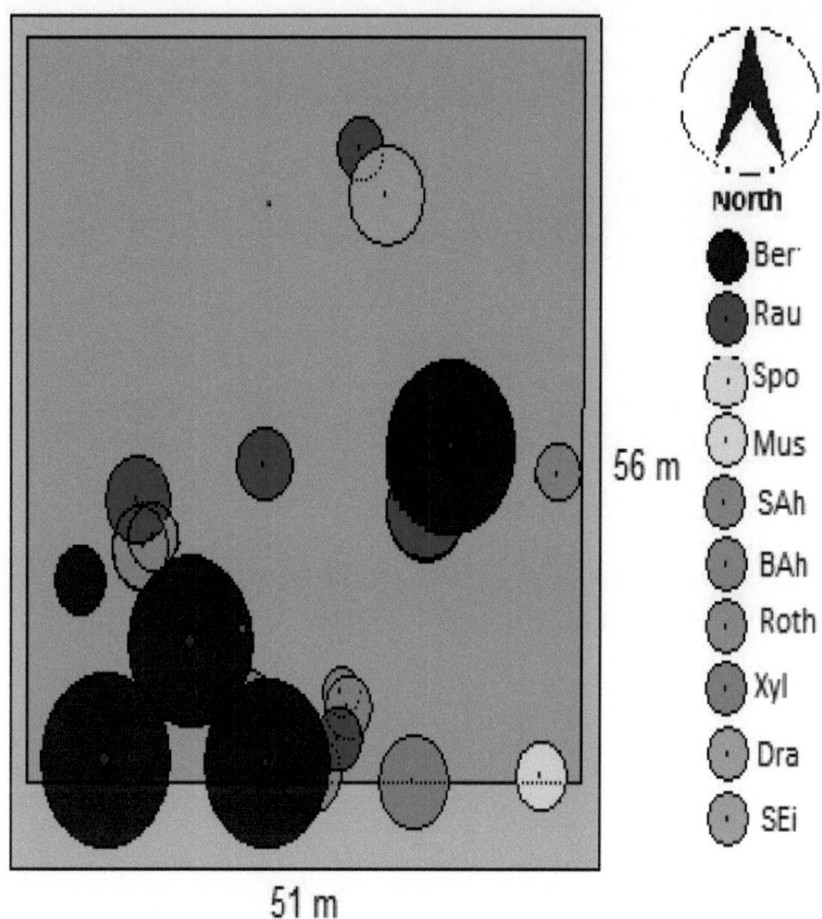

Figura 20: Vista aérea da estrutura da floresta no fragmento de Okuku

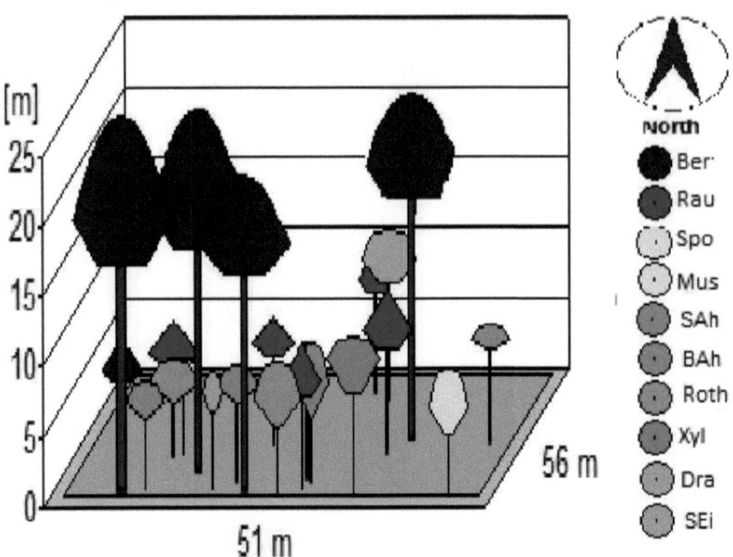

Figura 21: Vista bidimensional da estrutura da floresta no fragmento de Okuku

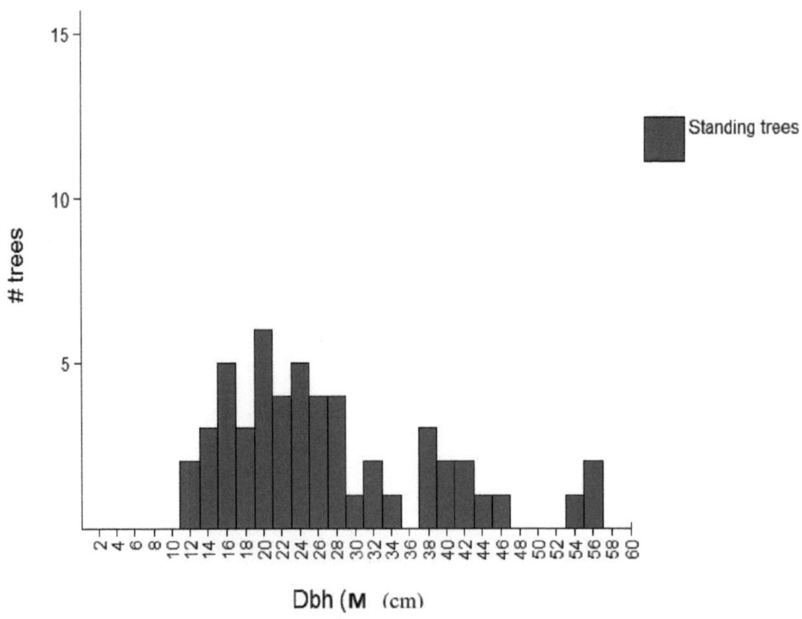

Figura 22: Distribuição das classes de diâmetro das árvores no fragmento Ikwat 1

60

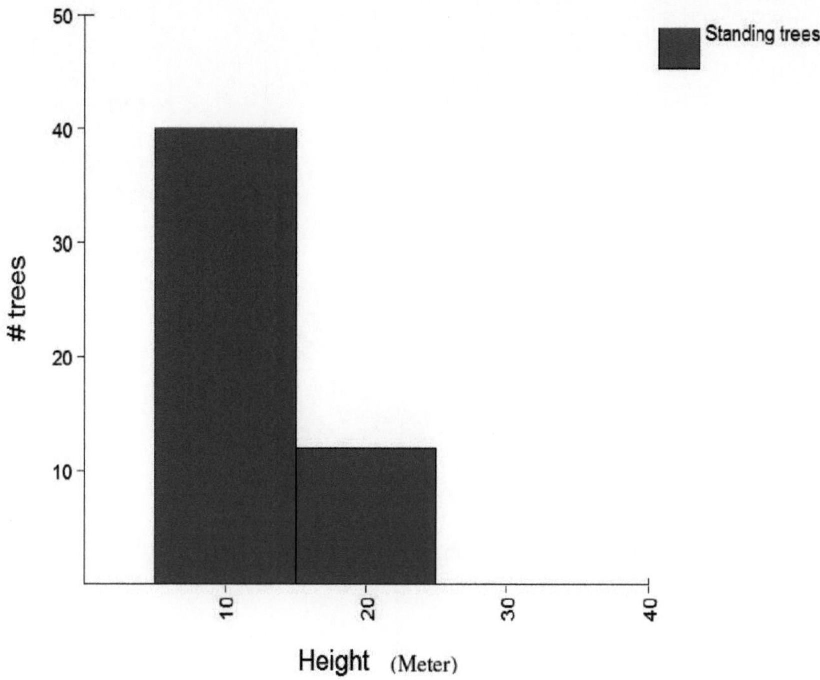

Figura 23: Distribuição das classes de altura das árvores no fragmento Ikwat 1

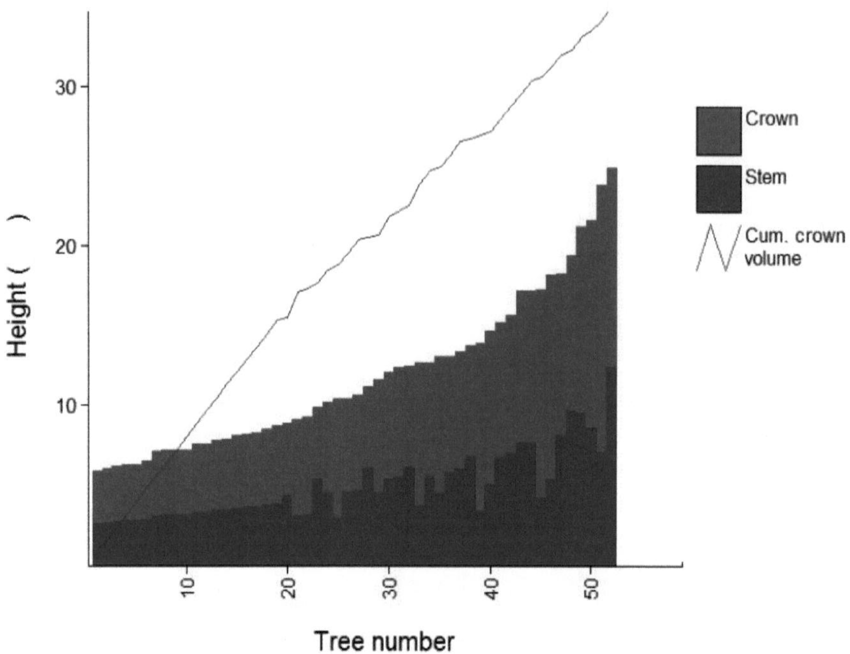

Figura 24: Distribuição da altura e do tamanho da copa das árvores no fragmento Ikwat 1

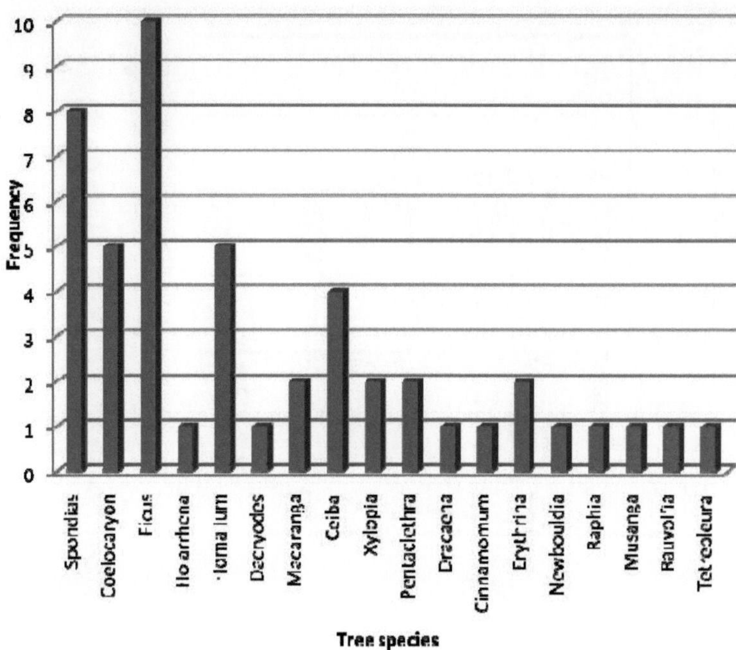

Figura 25: Distribuição das espécies de árvores no fragmento Ikwat 1

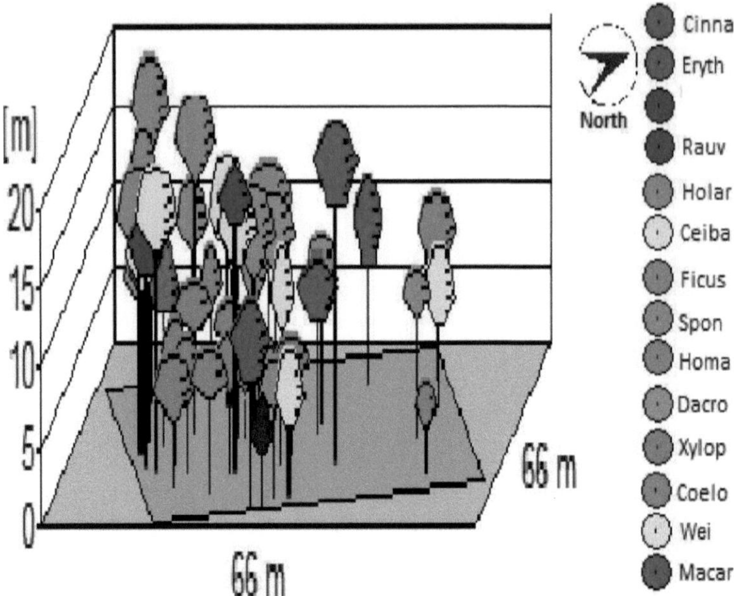

Figura 26: Vista bidimensional da estrutura da floresta no fragmento Ikwat 1

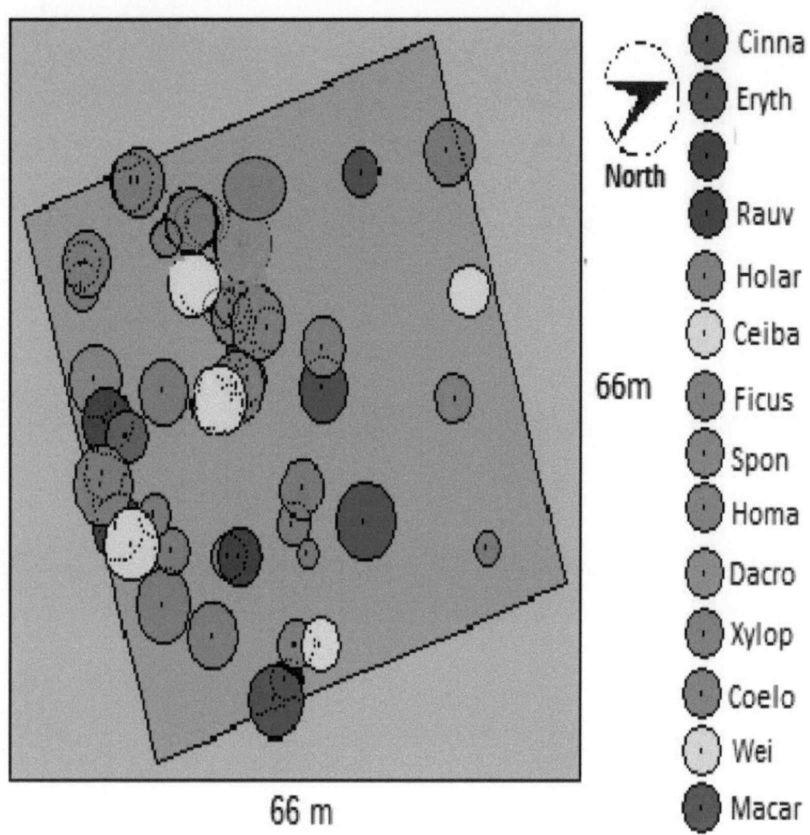

Figura 27: Vista aérea da estrutura da floresta no fragmento Ikwat 1

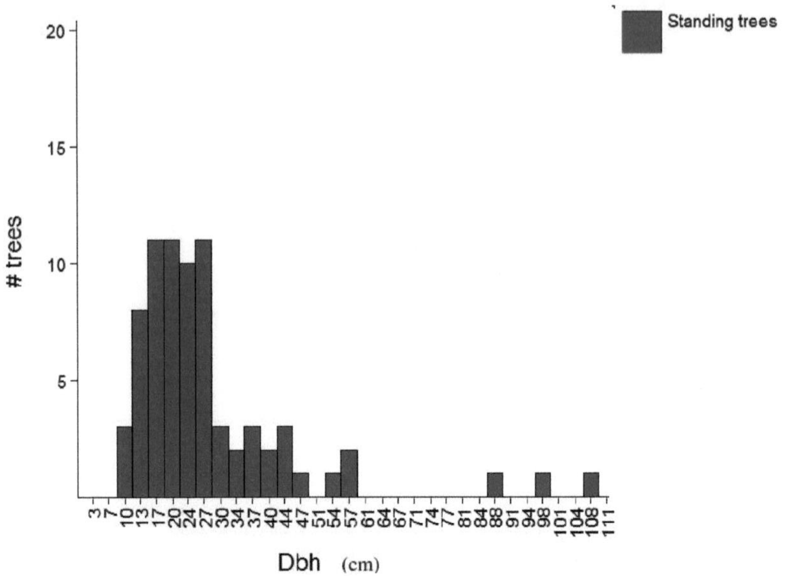

Figura 28: Distribuição das classes de diâmetro das árvores nos fragmentos de Ikwat 1 e Okuku

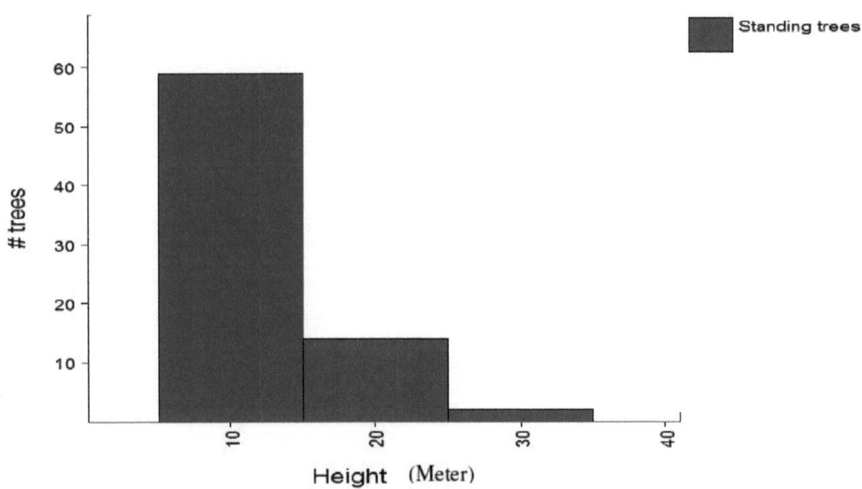

Figura 29: Distribuição das classes de altura das árvores nos fragmentos de Ikwat 1 e Okuku

4.2 Discussão dos resultados

4.2.1 Guenon de Sclater

4.2.1.1 Variação sazonal nos dados dos Censos

Durante o estudo, foram registados mais dados de recenseamento na estação das chuvas do que na estação seca. Estas diferenças nos dados do censo, embora não significativamente diferentes ($p < 0,05$ e $p < 0,10$), exceto para a Distância que foi significativamente ($p > 0,05$ e $p > 0,10$) em ambos os valores críticos de um valor crítico bicaudal de um teste T, podem ser atribuídas a diferenças sazonais no padrão de atividade do guenon de Sclater que afectaram a probabilidade de deteção do guenon de Sclater.

Os modelos socioecológicos de primatas indicam que o tempo de repouso do guenon de Sclater e de outros primatas tropicais é função da sazonalidade, da percentagem de folhas na dieta e da temperatura média anual (Korstjens, Verhoeck e Dunbar, 2006; Korstjens, Lehman e Dunbar 2010). As evidências indicam que, à medida que a percentagem de folhas na dieta e a temperatura média aumentam, o tempo de repouso também aumenta (Dunbar, 1992; Korstjens, Verhoeck e Dunbar, 2010). Em concordância com esta hipótese, observou-se que o tempo de repouso do guenon de Sclater foi maior durante a estação seca, quando o consumo de folhas foi menor, e a temperatura ambiente atingiu valores máximos, havendo, portanto, baixa deteção do que na estação chuvosa.

De um modo geral, independentemente do tipo de habitat, o tempo passado a alimentar-se por algumas espécies de primatas é geralmente mais elevado durante a estação das chuvas do que durante a estação seca. As evidências sugerem que os aumentos sazonais da temperatura ambiente, como os que ocorrem durante a estação seca, podem estimular os primatas a reduzir as actividades geradoras de calor, como a alimentação, para evitar a sobrecarga térmica e os custos energéticos associados (Dunbar, 1992; Korstjens, Verhoeck e Dunbar, 2010). Esta explicação é consistente com estudos sobre macacos-aranha (Chapman e Peres, 2001; Korstjens, Verhoeck e Dunbar, 2006). Eles interpretam uma maior alimentação na estação chuvosa como uma estratégia de alguns macacos tropicais para tirar proveito dos alimentos sazonais de pico, permitindo-lhes ingerir energia excedente e armazená-la como gordura em preparação para o período iminente de escassez de alimentos. A observação deste estudo apoia parcialmente esta possibilidade, porque se observou que, como resultado do facto de o guenon de Sclater passar mais tempo a alimentar-se de frutos e outros itens vegetais, a deteção foi maior na estação das chuvas do que na estação seca, o que, por conseguinte, correspondeu a dados populacionais mais elevados na estação das chuvas do que na estação seca. No entanto, para determinar a influência relativa de cada um destes factores, são necessários mais estudos para avaliar as estratégias energéticas do guenon de Sclater.

Apesar de algumas limitações no meu estudo, por exemplo, não foi realizada uma análise espacial ou temporal direta da disponibilidade de alimentos e do ambiente dentro da área de estudo, espera-se que os dados fornecidos sirvam de estímulo para estudos futuros. Embora estes resultados possam sugerir que o guenon de Sclater na floresta comunitária de Ikot Uso Akpan, em resultado do seu ajustamento dos padrões de atividade e da dieta para fazer face à escassez de alimentos nos fragmentos florestais durante a estação seca, afecta a sua deteção para a recolha de dados de censo, não é no entanto claro se esta flexibilidade comportamental é suficientemente grande para garantir a sua saúde e persistência ao longo do tempo. Mais estudos comportamentais a longo prazo ajudarão a melhorar a nossa compreensão das respostas comportamentais dos primatas às pressões ambientais impostas pela fragmentação e pela sazonalidade.

4.2.1.2   Factores que afectam a estrutura populacional do guenon de Sclater

Os resultados da floresta comunitária de Ikot Uso Akpan apoiam a hipótese de que o sucesso reprodutivo das fêmeas depende da qualidade do habitat e do tamanho do grupo, o que implica que o aumento da competição em grupos maiores é compensado pela quantidade de alimentos disponíveis no habitat. No entanto, alguns outros estudos com primatas primariamente folívoros não mostraram qualquer efeito do tamanho do grupo no sucesso reprodutivo dos gorilas (Stokes, Parnell e Olejniezak, 2003; Robbins, Robbins, Gerald-Steklis e Steklis, 2007) e dos langures de Thomas (Steenbeek e van Schaik, 2001), embora esses resultados não sejam universais (Borries, Larney, Lu, Ossi e Koenig, 2008; Snaith e Chapman, 2008). A qualidade do habitat em Ikot Uso Akpan teve uma grande influência nas taxas de nascimento, morte, imigração e emigração de uma população que aí vive (Figura 4.11).

4.2.2 Avaliação da vegetação

4.2.2.1 Estrutura da vegetação

Podem ser feitas algumas afirmações relativamente à estrutura da floresta nas duas parcelas de inventário amostradas. Enquanto a árvore mais pequena nas duas parcelas de amostragem tinha uma altura de 5,9 m, a maior árvore tinha atingido 27,8 m. A altura média das árvores é de apenas 11,8 m, indicando uma prevalência de árvores relativamente pequenas na área de estudo. A Figura 28 corrobora muito bem este facto, mostrando que mais de 90% de todas as árvores amostradas na área têm uma altura entre 0 e 20m. Em comparação com outras áreas de floresta tropical húmida, como o Parque Nacional de Cross River, onde a altura média contínua do dossel se situa entre 30 e 35 m (WWF 1990), as árvores da floresta comunitária de Ikot Uso Akpan são, de facto, muito pequenas. Um olhar para os seus valores de dbh produz uma imagem análoga: O dbh mais pequeno registado em é de 10,2 cm e o maior é de 110,6 cm. Apesar ocorrência esporádica de árvores com grandes valores de dbh, as árvores com um dbh pequeno dominam claramente a área. O valor médio do DAP bastante baixo de 26,9 cm e o facto de 90% de todas as árvores nas parcelas de amostragem terem um DAP inferior a 44 cm sublinham claramente este facto (Figura 26). O dbh e a altura das árvores bastante pequenos na área de estudo também podem ser atribuídos à exploração insustentável dos recursos florestais na área de estudo. Além disso, a presença de uma elevada densidade de árvores no fragmento Ikwat 1 pode ser atribuída à presença do monte sagrado no fragmento e ao facto de o chão do fragmento ser pantanoso, em resultado do riacho sagrado que corre no fragmento e se esvazia no fragmento Afia sob a forma de uma queda de água. O fragmento Okuku situa-se num planalto e é menos considerado sagrado do que o fragmento Ikwat 1, pelo que a invasão de explorações agrícolas e as actividades de abate de árvores são mais graves no fragmento do que no fragmento Ikwat 1.

4.2.2.2   Factores que influenciam a alteração da vegetação na área de estudo

O guenon de Sclater, tal como outras populações de primatas, enfrenta o desafio de lidar com a dinâmica dos seus habitats, que está em constante mudança, e tem de se adaptar às alterações para sobreviver; a incapacidade de adaptação pode condenar a espécie à extinção. Dado que a maioria das espécies de primatas vive em florestas tropicais (Chapman, Lawes e Eeley, 2006a; Lovett e Marshall, 2006; Mittermeier e Cheney, 1987), a proteção dos habitats florestais deve ocupar um lugar de destaque na agenda da conservação dos primatas. No entanto, a conservação dos fragmentos florestais na comunidade de Ikot Uso Akpan não é uma tarefa fácil por várias razões. Em primeiro lugar, os habitats florestais estão, na sua maioria, fragmentados e dispersos por muitas áreas diferentes. Por conseguinte, as organizações não governamentais, que são intervenientes fundamentais na conservação, têm de trabalhar com as comunidades das zonas de apoio, cada uma com as suas próprias prioridades e problemas, para garantir a conservação desta espécie endémica de primatas.

Em segundo lugar, os fragmentos florestais estão localizados em comunidades economicamente pobres. Em terceiro lugar, a taxa de crescimento populacional na zona, Estado, particularmente na região do Delta do Níger, é elevada e a maioria das pessoas depende diretamente dos recursos naturais, como a terra, para a sua sobrevivência; por conseguinte, a necessidade de desbravar florestas para criar terra para a agricultura é elevada (Baker, 2005). Isto não é um bom augúrio para a proteção das florestas (Chapman, Lawes e Eeley, 2006a). No entanto, nem todas as alterações de habitat na área de estudo se devem a actividades humanas. Por conseguinte, é possível dividir as alterações do habitat em naturais e induzidas pelo homem. As alterações naturais do habitat incluem alterações tão pequenas como a queda pelo vento de uma árvore alimentar importante; a morte de árvores devido à senescência da coorte; e alterações da vegetação causadas por deslizamentos de terras, furacões e mortalidade de árvores relacionada com a seca. Todas estas alterações afectam negativamente as populações de primatas. No entanto, algumas alterações naturais do habitat, tais como a colonização da floresta, foram registadas como tendo impulsionado as populações de algumas espécies de primatas (Isabirya e Lwanga, 2008). A segunda categoria, alterações do habitat induzidas pelo homem na área de estudo, inclui factores como a degradação da floresta (principalmente através do abate mecânico), a fragmentação da floresta, a introdução de espécies exóticas e a desflorestação.

4.2.2.3 Impacto da alteração da vegetação na população de Guenon de Sclater

As principais alterações do habitat florestal induzidas pelo homem na floresta da comunidade de Ikot Uso Akpan incluem o abate mecanizado, a fragmentação da floresta, a introdução de espécies vegetais exóticas e a desflorestação. Os investigadores efectuaram muitos estudos para examinar as respostas das espécies de primatas ao abate de árvores em florestas tropicais (Johns e Skorupa, 1987; Chapman e Lambert, 2000; 2003; Mitani, Struhsaker e Lwanga, 2000; Plumptre, 1996; Plumptre e Reynolds, 1994; Struhsaker, 1997). No entanto, muitos destes estudos apresentam resultados contraditórios devido a diferenças nas guildas alimentares dos primatas em causa, nos métodos de campo utilizados, nas composições e densidades específicas dos primatas, na intensidade da exploração madeireira e nos danos acidentais às árvores da floresta, nos tipos de vegetação adjacentes às zonas exploradas, na idade da floresta, na composição e densidade específicas das árvores antes da exploração madeireira e na variação natural dos tipos de habitat na floresta e das densidades dos grandes herbívoros terrestres. Estes factores influenciam os resultados dos estudos que tentam monitorizar as respostas dos primatas ao abate de árvores e explicam por que razão as conclusões de vários estudos têm sido diferentes, mesmo quando se considera a mesma espécie de primata.

Idealmente, para compreender como as populações de guenon de Sclater reagem ao abate de árvores, é necessário efetuar um estudo antes do abate de árvores para obter dados de base que permitam medir qualquer alteração nas populações de primatas após o abate. Na prática, isto tem sido impossível porque os madeireiros ilegais não são obrigados a informar a comunidade, os investigadores ou os grupos de conservação sobre as suas actividades. Em segundo lugar, para se obter um bom conhecimento da população de primatas numa área a ser explorada são necessários vários anos de observações, o que é incompatível com as incessantes actividades de exploração madeireira na área. Por conseguinte, a forma mais prática de estudar as respostas das populações de guenon de Sclater às alterações do habitat causadas pelo abate ilegal de árvores tem sido através de comparações das populações de primatas nos anos anteriores às actividades de abate. Isto pode ser bastante justo, partindo do princípio de que, antes do abate, as florestas exploradas e não exploradas eram semelhantes em termos de populações de guenon de Sclater e de condições de habitat. No entanto, este pode não ser sempre o caso, o que pode explicar resultados contraditórios nas respostas de outras populações de primatas ao abate de árvores.

Tal como indicado no resultado da Figura 4.11, as actividades de exploração madeireira ilegal tiveram um impacto negativo na população de guenon de Sclater. Registou-se uma diminuição da população total da espécie de primata em 2012 de 3,53% de indivíduos/km^2 em relação aos dados do censo populacional de 2005. Consequentemente, também se registou um aumento no número de população adulta/km2 de 14,82% e uma diminuição da população juvenil de 35,48%. Esta observação implica que o abate de árvores na área de estudo influencia a capacidade de reprodução da espécie de macaco enquanto a população envelhece.

4.2.2.4 Respostas do Guenon de Sclater à destruição do habitat

Ao avaliar as respostas das populações de guenon de Sclater às actividades de exploração madeireira, é importante considerar os possíveis efeitos dos tipos de habitat que rodeiam os seus habitats preferidos. O guenon de Sclater, tal como outros primatas, responde a alterações no seu habitat circundante, o que pode confundir as respostas causadas pelo abate de árvores, especialmente se as operações de abate de árvores e os movimentos dos primatas para ou a partir dos tipos de vegetação vizinhos coincidirem, ou se ocorrerem grandes alterações florísticas, como a colonização florestal, em áreas adjacentes à área abatida após o abate de árvores (Chapman e Lambert, 2000).

Dado que também ocorreram declínios na abundância relativa de algumas espécies de primatas na floresta não cortada, é difícil atribuir o declínio da população de guenon de Sclater às actividades de corte de árvores na área. O declínio da população de guenon de Sclater no fragmento de floresta também pode ser aparentemente devido à libertação ecológica porque, à medida que é criado mais habitat pela colonização da floresta, alguns grupos de macacos saem da floresta antiga ou expandem as suas áreas de residência. Essas mudanças são difíceis de detetar a partir de rotas de censo fixas. Por conseguinte, as futuras investigações sobre os efeitos do abate de árvores nas populações de guenon de Sclater na floresta comunitária de Ikot Uso Akpan também devem ter em consideração a expansão do habitat, porque os estudos demonstraram que esta forma de alteração do habitat pode afetar algumas espécies de primatas. Num estudo realizado na parte sul da Nigéria e na aldeia de Ikot Uso Akpan, Baker (2005) e Egwali, King, Eniang e Obot (2005) demonstraram que a espécie é muito flexível em termos de espécies de plantas e partes exploradas para alimentação. Talvez seja esta flexibilidade nas necessidades alimentares que lhes permite habitar habitats colonizadores.

4.2.2.5   Influência da destruição do habitat na dieta do guenon de Sclater

Um dos principais impactos da exploração madeireira nas populações de primatas é a redução da disponibilidade de alimentos. Portanto, em situações em que a exploração madeireira pode estimular ou é seguida pela regeneração de espécies alimentares, o impacto da exploração madeireira deve ser mínimo. Aparentemente, as diferenças nas espécies de árvores alimentares removidas dos fragmentos podem não ser as únicas responsáveis pelas diferenças nas populações de guenon de Sclater na área de estudo. Uma vez que a regeneração de várias espécies de árvores de alimentação ocorre normalmente após o abate, estudos semelhantes em Kibale (Kasenene, 1987; Lawes e Chapman, 2006; Nummelin, 1990; Paul et al. 2004; Struhsaker, Lwanga e Kasenene, 1996; Struhsaker, 1997) sugerem fortemente que os navegadores nas áreas exploradas podem suprimir a regeneração das espécies de plantas, afectando assim a disponibilidade de alimentos para o guenon de Sclater. A supressão da regeneração das árvores pode, em parte, explicar a lenta recuperação das populações de primatas na região. A menos que a atual taxa de conversão da floresta seja travada, é inevitável que as populações de macacos vivam em fragmentos isolados mais pequenos até que a floresta seja finalmente destruída.

As diferenças de regimes alimentares entre as espécies de primatas podem, em parte, explicar a falta de resultados consistentes dos estudos que tentam investigar as reacções das populações de primatas ao abate de árvores. Por exemplo, os especialistas e os generalistas da dieta podem não ser afectados da mesma forma pelo abate de árvores. Do mesmo modo, o guenon de Sclater, que é uma espécie frugívora (Ettah, 2008; Egwali,

King, Eniang e Obot, 2005), responderá mais provavelmente de forma diferente ao abate de árvores do que as

espécies folívoras. As diferenças nos resultados da alimentação entre grupos de macacos que habitam florestas

exploradas e não exploradas resultam de diferenças na disponibilidade de alimentos, em termos de composição

específica das árvores, abundância e fenologia (Fairgrieve e Muhumuza, 2003). Os resultados deste estudo

apoiam um estudo anterior (Johns, 1992) que sugere que o abate de árvores tem um impacto negativo na

disponibilidade de alimentos no habitat do guenon de Sclater. Um declínio nas taxas de reprodução e na

densidade populacional do guenon de Sclater durante um período de sete anos, em resultado das actividades

de exploração madeireira na zona, sugere que os primatas foram afectados negativamente pela exploração

madeireira.

4.2.2.6   Influência da Exploração dos Recursos Florestais na População de Guenon de Sclater

Os factores que permitem a persistência de espécies de primatas em fragmentos florestais são pouco

conhecidos, o que dificulta a conceção de formas de conservação de primatas em habitats fragmentados. Os

factores que os investigadores acreditam que determinam a persistência ou extinção em fragmentos florestais,

por exemplo, a flexibilidade/especialização da dieta, o tamanho do fragmento e a distância entre fragmentos,

não parecem explicar todas as situações. Mesmo dentro da mesma espécie, as respostas dos primatas à

fragmentação diferem (Lawes, 2002). Chapman e Peres (2001) sugeriram que a sobrevivência de primatas em

fragmentos pode ser determinada por fatores da matriz que circunda o fragmento florestal. No entanto, os

factores permanecem desconhecidos, mas os investigadores precisam de os investigar se as populações de

primatas fragmentadas tiverem de ser conservadas como metapopulações.

Para além dos riscos de extinção associados a pequenas populações, como o guenon de Sclater, as populações

de primatas enfrentam o perigo da degradação contínua do habitat. O habitat das espécies de primatas está

normalmente rodeado de povoações humanas. A maioria das pessoas depende da lenha para cozinhar e

construir postes. Os fragmentos florestais que as espécies de primatas ocupam não estão isentos da exploração

desses recursos, o que tem tido um efeito deletério nas populações de primatas que aí vivem (Figura 4.11). Por

exemplo, estudos sobre primatas que habitam fragmentos florestais perto do Parque Nacional de Kibale

revelaram que 3 dos 16 fragmentos que os primatas ocupavam em 1995 foram explorados ao ponto de já não

estarem ocupados no ano 2000 (Chapman, Chapman, Vulinec, Zanne e Lawes, 2003; Chapman, Lawes, Eeley,

2066a). Noutro estudo, Gillespie e Chapman (2006) descobriram que o índice de degradação de fragmentos florestais e a presença de humanos influenciaram fortemente a prevalência de nemátodos gastrointestinais parasitas em colobus vermelhos, o que sugere que, à medida que os fragmentos florestais se tornam mais pequenos e a frequência de contacto entre humanos e primatas não humanos se torna mais elevada, a transmissão de doenças e agentes patogénicos será uma consequência muito provável (Leroy, Rouquet, Formenty, Souquiere, Kilbourne e Forment, 2004; Rouquet, Forment, Boernejo, Kilbourne e Fotment, 2005; Vogel, 2003; Wolfe, Switzer, Carr, Bhullar, Shanmugan e Tamoufe, 2004; Peeters, 2004; Sharp, Shaw e Hahn, 2004). O risco de transmissão de doenças entre os seres humanos e os primatas não humanos só é maior no caso dos grandes símios porque estes últimos estão filogeneticamente mais próximos dos seres humanos do que os outros primatas. A transmissão de doenças pode ocorrer em ambas as direcções, embora os primatas não humanos estejam em maior risco do que os humanos. As doenças nos seres humanos podem ser detectadas mais rapidamente e controladas ou eliminadas, ao passo que nos primatas não humanos selvagens pode ser uma tarefa insuperável (Isabirya e Lwanga, 2008). Além disso, o guenon de Slater vive em pequenas populações, pelo que um único surto pode erradicar toda a população. No entanto, a literatura mais recente sugere que devemos ser cautelosos ao aceitar o cenário acima mencionado (Chapman, Speirs, Gillespie, Holland e Austad, 2006c)

Acredita-se que a contração das florestas é uma das consequências esperadas do aquecimento global (Isabirya e Lwanga, 2008). Por conseguinte, se o aquecimento global se verificar efetivamente, as ameaças de extinção para o guenon de Sclater da floresta podem ser elevadas. Uma explicação possível para a persistência específica ou, pelo menos, para o atraso na extinção do guenon de Sclater na área de estudo é a flexibilidade ecológica na utilização do habitat, no comportamento ou na dieta (Baker, 2005; Egwali, King, Eniang e Obot, 2005). O guenon de Sclater pode sobreviver em vários tipos de habitat diferentes, o que lhe permite sobreviver em habitats degradados. Sendo uma espécie arborícola que se desloca confortavelmente no solo, pode evitar a extinção utilizando um arquipélago de manchas florestais como área de vida, desde que as distâncias entre as manchas não sejam demasiado longas.

Além disso, o desmatamento dos fragmentos florestais não resulta necessariamente em áreas desprovidas de vegetação; ao contrário, elas são substituídas por culturas agrícolas e plantações de árvores (Placa 11). Os guenons de Sclater são capazes de incluir as espécies vegetais introduzidas na sua dieta. Por conseguinte, também obtêm de facto algumas das suas necessidades alimentares em áreas maiores do que as manchas florestais que ocupam. As culturas agrícolas são selecionadas pelos seus elevados valores nutricionais e têm a capacidade de atrair o macaco (Egwali, King, Eniang e Obot, 2005). A situação resulta em conflitos entre humanos e primatas com a espécie de macaco, devido à invasão das terras agrícolas da comunidade para obter colheitas durante a época de plantação.

4.2.2.7 Impacto das alterações climáticas na população de Guenon de Sclater

Embora o impacto das alterações climáticas não seja claramente compreendido, em particular no que diz respeito à composição florestal e à fragmentação, há provas que sugerem que já está a afetar os habitats dos primatas e, consequentemente, as populações de primatas (Chapman, Chapman, Struhsaker, Zanne, Clark e Poulsen, 2005, Chapman, Chapman, Zanne, Poulsen e Clark, 2005). Os cientistas previram que o aquecimento global resultará numa diminuição da precipitação e em estações secas mais longas em algumas florestas tropicais (Borchert, 1998). O intervalo entre os fenómenos El Niño, que estão intrinsecamente ligados ao aquecimento global, diminuiu drasticamente (Laurence e Williamson, 2001). Nas regiões tropicais húmidas, os fenómenos El Niño estão associados a níveis elevados de mortalidade entre as árvores de copa (Holmgren, Scheffer, Ezcurra, Gutierrez e Mohrem, 2001; Laurence e Williamson, 2001). Por conseguinte, as alterações climáticas podem ter efeitos graves na base de recursos alimentares do guenon de Sclater. Se os cenários se concretizarem, é de esperar uma redução do coberto florestal e um aumento da mancha florestal nos fragmentos de floresta que servem de habitat ao guenon de Sclater.

Além disso, crê-se que as alterações climáticas agravam os impactos negativos das alterações induzidas pelo homem nos habitats florestais, prejudicando assim ainda mais as espécies de primatas. Os fragmentos florestais explorados são mais vulneráveis à deflagração de incêndios durante as secas do que os fragmentos florestais intactos (Laurence e Williamson, 2001). Isto pode ser verdade porque o abate de árvores cria uma camada espessa de material combustível no chão da floresta. Em geral, a exploração madeireira indiscriminada pode cobrir uma grande área, o que significa que, em caso de incêndio, o calor matará muitos guenons de Sclater. Mesmo que consigam escapar, é provável que morram de fome porque as árvores da floresta não são resistentes ao fogo, o que provoca uma seca na oferta de alimentos. Com temperaturas elevadas e secas, espera-se que a mortalidade das árvores aumente em florestas fragmentadas (Laurence e Williamson 2001).

CAPÍTULO 5

RESUMO, CONCLUSÃO E RECOMENDAÇÃO

5.1 RESUMO

A gestão sustentável e a conservação bem sucedida dos animais selvagens dependem em grande medida de uma avaliação e monitorização adequadas das suas populações. Isto é especialmente verdade para as espécies que vivem fora das áreas protegidas e que, como consequência, estão frequentemente sujeitas a elevados níveis de interferência humana (caça e perda de habitat). A avaliação sistemática e repetida das suas comunidades pode indicar potenciais alterações das suas dimensões populacionais ao longo do tempo e ajuda a compreender melhor os vários processos ecológicos e influências antropogénicas a que estas espécies estão expostas, fornecendo assim dados importantes para a formulação de futuras estratégias de gestão.

A amostragem à distância, ou seja, o método do transecto linear, é uma excelente técnica, capaz de facilitar eficazmente a recolha de parâmetros populacionais relevantes e, devido à sua abordagem padronizada, a metodologia garante que os respectivos resultados são comparáveis entre diferentes estudos.

No entanto, considerando os dados obtidos durante o estudo para o guenon de Sclater e a vegetação da área de estudo, conforme explicado no Capítulo 4, os resultados deste estudo comparam-se muito bem com outros dados ecológicos (i.e. deteção simultânea de diferentes grupos de guenon de Sclater na área de estudo, tamanho da área de residência, distribuição da área basal das árvores na área de estudo), e o autor está confiante de que a respectiva população e densidade populacional nas duas estações reflectem bastante bem a realidade local no ecossistema de Ikot Uso Akpan. A única limitação do estudo nas duas estações é principalmente a precisão reduzida, bem como os grandes coeficientes de variação das respectivas estimativas da população de guenon de Sclater nas duas estações.

5.2 CONLUSÃO

Os resultados deste estudo mostram que a floresta comunitária de Ikot Uso Akpan é, sem dúvida, um habitat muito importante para os primatas. Grupos de guenon de Sclater, uma espécie endémica, utilizam este ecossistema e, aparentemente, alguns destes grupos têm toda a sua área de residência fora dos limites dos fragmentos florestais. Embora devam ser realizados estudos futuros para verificar estes resultados, as conclusões da presente investigação não deixam dúvidas quanto à importância da floresta comunitária de Ikot Uso Akpan como habitat para a conservação dos primatas endémicos e, consequentemente, qualquer esforço para gerir com êxito as populações desta espécie de primata deve ter em conta o ecossistema dos fragmentos florestais locais nas suas estratégias e planos de gestão.

Por enquanto, a comunidade de Ikot Uso Akpan continua a ser o único habitat do guenon de Sclater no Estado de Akwa Ibom, com bolsas de fragmentos florestais que servem de refúgio importante para a espécie primata e, em segundo lugar, a espécie primata é considerada sagrada e a caça da espécie é proibida na comunidade. Além disso, isto acontece, predominantemente, porque nenhum dos problemas enfrentados pela vida selvagem da Nigéria passou totalmente despercebido na área e há pessoas e organizações que dedicaram muito do seu tempo para garantir a sobrevivência das espécies endémicas de primatas na área de estudo. Com o objetivo de continuar e apoiar os seus esforços, a secção seguinte centra-se em outras medidas que devem ser aplicadas para garantir a sobrevivência futura da flora, da fauna e, especialmente, das espécies de primatas na área.

Em Ikot Uso Akpan, o impacto do abate indiscriminado de árvores e da conversão agrícola no ecossistema florestal - e, consequentemente, no habitat dos primatas endémicos - também tem sido grave. Embora a área ainda esteja coberta por pequenas extensões de espécies de floresta tropical mais ou menos intactas, a exploração madeireira está em funcionamento na zona há já alguns anos. Embora o abate de árvores devesse ter cessado na floresta comunitária, é lamentável que tenha sido retomado há alguns anos e, em alguns fragmentos, este processo continua mais ou menos ininterrupto até à data. As Placas 3 e 4 mostram claramente que a área florestal está a ser destruída cada vez mais para dentro do habitat das espécies de primatas da aldeia, reclamando cada vez mais do habitat que é tão essencial para as espécies de primatas e para todas as outras espécies selvagens locais. Embora a desflorestação em Ikot Uso Akpan se deva principalmente à extração de madeira e à exploração de outros produtos florestais não lenhosos, as florestas da comunidade também enfrentam ameaças adicionais: a plantação de óleo de palma e de borracha também está a aumentar na área de estudo (Placa 11). Felizmente, estas plantações parecem ter sido suspensas por enquanto. Para além disso, para os membros da comunidade local, o aumento da pressão para encontrar terras adequadas para o cultivo de culturas também resultou na limpeza da orla da floresta para obter terras férteis para cultivar as suas culturas.

Para além da destruição de habitats importantes para a vida selvagem, o abate de árvores e a conversão de terrenos florestais para outros fins têm outro impacto negativo na floresta comunitária de Ikot Uso Akpan e na população local de primatas - nomeadamente através do aumento do acesso a zonas florestais remotas (isto é, através de estradas de abate de árvores). O acesso a zonas que anteriormente eram de difícil acesso melhorou considomeravelmente e a pressão da caça aumentou. A substituição dos tradicionais arcos e flechas por modernas espingardas de ar comprimido veio agravar ainda mais a situação. Atualmente, a caça tornou-se muito mais eficaz e, uma vez que o sistema habitual de tabus que regulava o tipo de animais caçados está a perder o seu significado para alguns dos habitantes locais, a caça aos primatas poderá em breve tornar-se um hábito, mais prejudicial e menos sustentável do que era no passado devido à sua proibição de caça.

Em consequência dos problemas acima referidos, Ikot Uso Akpan perdeu 3,53 a 38,55 % da sua população de guenon de Sclater nos últimos 10 anos e a população está a tender para o envelhecimento, tendo em conta a diminuição do número de juvenis na área de estudo. Estes valores percentuais têm uma amplitude bastante grande, pelo que é difícil ter a certeza do verdadeiro declínio. No entanto, mesmo que o "melhor cenário" fosse verdadeiro e os valores mais baixos fossem os mais exactos, isso significaria que aproximadamente um décimo da população de primatas da comunidade desapareceu nos últimos dez (10) anos. Embora isto já fosse mais do que alarmante, é muito mais provável que a situação real seja de facto pior. Por conseguinte, é da maior importância tomar medidas adequadas para evitar um maior declínio da população de primatas de Ikot Uso Akpan.

5.3 RECOMENDAÇÕES

Para conseguir e apoiar uma população sustentável de guenon de Sclater na comunidade de Ikot Uso Akpan, sugere-se que sejam abordadas as seguintes questões

i. Melhoria da avaliação do habitat de Ikot Uso Akpan com base em imagens de satélite

Uma das variáveis básicas necessárias para determinar as perspectivas a longo prazo da população de primatas de Ikot Uso Akpan é a extensão do habitat adequado que resta na comunidade. Este conhecimento, juntamente com informações sobre as taxas de desflorestação passadas e actuais, bem como sobre outras ameaças, é essencial para se poder avaliar corretamente a dimensão e as tendências futuras da população de primatas endémicos. Embora existam informações gerais sobre a extensão aproximada dos diferentes tipos de vegetação/floresta da área, estes dados parecem limitados e a sua exatidão é bastante questionável. A classificação mais sofisticada da vegetação pode ser obtida através da utilização de imagens de satélite Landsat 7 ETM+ de 1987 a 2003. Como o nível de avaliação para esta classificação será toda a província que abrange o Estado de Akwa Ibom e não os fragmentos muito mais pequenos da comunidade de Ikot Uso Akpan, a resolução espacial das áreas relevantes pode revelar-se fiável para a determinação e diferenciação do habitat dos primatas no Estado. No entanto, as imagens de satélite Landsat 7 têm potencial para serem utilizadas para gerar mapas de classificação com uma resolução adequada. Por conseguinte, as ONG de conservação (por exemplo, a Nigerian Conservation Foundation (NCF), o Biodiversity Preservation Center (BPC), etc.) devem instar o Ministério do Território e da Geoinformática a produzir um mapa de classificação da vegetação específico para o Estado de Akwa Ibom, ou tentar obter uma cooperação direta que permita a estas ONG utilizar os dados Landsat e trabalhar nessa classificação em conjunto com o Ministério ou por si próprias. Se todas as tentativas de alcançar este tipo de cooperação forem infrutíferas, deve ser considerada a opção de adquirir novas imagens de satélite de forma independente e tentar uma classificação autónoma. No entanto, embora trabalhar de forma independente possa ser mais rápido, menos complicado e obter resultados mais transparentes, seria também uma opção dispendiosa para as respectivas ONG, uma vez que as imagens de satélite necessárias para este tipo de análises são muito caras.

ii. Inquéritos repetitivos sobre a população

Na sequência da reavaliação acima mencionada do habitat dos primatas na floresta da comunidade de Ikot Uso Akpan, devem ser efectuados inquéritos por transecto linear em cada um dos fragmentos florestais da comunidade para determinar em que medida os diferentes habitats contribuem para a população global de primatas. Atualmente, existem os primeiros dados de transectos lineares (este estudo) para a área. No futuro, os inquéritos devem também ser alargados a bolsas de florestas secundárias fora da comunidade. Combinado com informações sobre a extensão dos diferentes tipos de habitat, seria possível obter estimativas muito fiáveis do tamanho da população de primatas de Itam. Além disso, em vez de realizar esses levantamentos num local específico apenas uma vez, eles deveriam ser repetidos regularmente (em intervalos não superiores a 5 anos), pois isso permitiria a determinação das respectivas tendências populacionais e mostraria se a situação na área está melhorando ou se deteriorando ainda mais. Além disso, em vez de depender de investigadores que visitam Ikot Uso Akpan numa base irregular para realizar tais inquéritos, os membros da comunidade deveriam aprender a metodologia de inquérito, permitindo-lhes realizar inquéritos regulares em qualquer parte do fragmento florestal e potencialmente em todas as outras partes da região.

iii. Reforço das infra-estruturas e da aplicação da lei na floresta comunitária de Ikot Uso Akpan:

Devido à sua dimensão, ao terreno difícil e ao tabu comunitário imposto às espécies de primatas, Ikot Uso Akpan constitui um importante refúgio para as espécies de primatas endémicas. Embora o Centro de Gestão Ambiental e de Zonas Húmidas da Universidade de Uyo já tenha criado um Santuário Comunitário de Vida Selvagem para a floresta comunitária, as infra-estruturas locais e a aplicação da lei na zona são muito fracas e estão sujeitas à decisão do Conselho de Aldeia. Apesar de oficialmente proibida pelo Conselho de Aldeia, a extração de produtos florestais está evidentemente a ocorrer em certa medida na floresta comunitária e, devido à elevada taxa de desemprego e ao baixo nível de vida na zona, bem como ao seu limitado esclarecimento, a aplicação dos respectivos regulamentos no fragmento florestal continua a ser fraca. O santuário da vida selvagem, que se tornou redundante e obsoleto, precisa de financiamento para retomar o trabalho e melhorar a sua administração e para contratar guardas do santuário, sendo também necessário o desenvolvimento e a implementação de um sistema de sanções eficaz para a violação dos regulamentos do santuário.

iv. Trabalho para uma proteção formal da floresta comunitária de Ikot Uso Akpan

Os resultados dos inquéritos independentes acima mencionados na floresta da comunidade de Ikot Uso Akpan sugerem que a área alberga uma população considerável de guenon de Sclater, o que a torna uma área muito importante para a conservação dos primatas. Infelizmente, o abate de árvores e a exploração dos recursos florestais na área ainda persistem. Embora seja triste que a exploração madeireira exista na área, a floresta comunitária de Ikot Uso Akpan não permanecerá evidentemente intocada sem um acordo entre a comunidade e o Ministério das Terras e Recursos Naturais do Estado. No entanto, é difícil prever até que ponto este acordo garantirá a sobrevivência futura das espécies de primatas endémicos e, embora o acordo seja claramente um primeiro passo importante, devem ser iniciadas negociações com o governo para obter algum tipo de estatuto de proteção legal para os fragmentos florestais na comunidade de Ikot Uso Akpan.

v. Criação de um corredor de ligação entre a floresta comunitária de Ikot Uso Akpan e outros fragmentos florestais na região de Itu

Outra estratégia que apoiaria a sobrevivência de uma população viável de guenon de Sclater em Ikot Uso Akpan seria a criação de um corredor de vida selvagem que ligasse bolsas de outros fragmentos florestais na área governamental local de Itu do Estado de Akwa Ibom. Esse corredor de vida selvagem proporcionaria condições seguras para a propagação dos macacos que habitam as regiões, que correm o risco de ficarem cada vez mais isoladas à medida que o abate de árvores e a conversão do habitat prosseguem na região. Ao facilitar o intercâmbio de primatas individuais entre as regiões, o corredor serviria também para manter a diversidade genética da população de primatas. Embora este corredor não tenha o estatuto formal de uma área protegida, o abate de árvores e a conversão do habitat teriam de ser proibidos e a influência antropogénica minimizada. Todos os esforços para a criação deste corredor devem ser efectuados com o aval do Ministério das Terras e dos Recursos Naturais do Estado. Para além disso, trata-se de uma medida de conservação importante e, consequentemente, todos os esforços para a concretizar devem ser encorajados.

vi. Aumentar as oportunidades de educação e desenvolvimento:

Devido ao seu impacto positivo, os principais intervenientes no sector do desenvolvimento (por exemplo, o PNUD, a UNESCO, o Banco Mundial e muitos outros) promovem a educação como um parâmetro fundamental do desenvolvimento humano e ambiental sustentável (PNUD, 2004). A Nigéria pertence claramente ao mundo em desenvolvimento, mas embora já se possam encontrar escolas em quase todas as aldeias, o nível de educação é geralmente baixo e o importante conceito de sustentabilidade é ainda relativamente novo para a grande maioria dos habitantes locais. Estas pessoas sempre viveram numa base diária, sem planear estrategicamente o seu futuro ou a utilização dos recursos naturais. Embora o seu sistema tradicional de tabus apoiasse, mais ou menos coincidentemente, a utilização sustentável dos recursos até certo ponto e a proteção das espécies de primatas, a influência da religião ocidental, juntamente com a crescente influência da economia monetária, reduziu o número de pessoas que ainda aderem à crença consuetudinária. Consequentemente, os recursos locais estão a diminuir e os níveis crescentes de caça têm um impacto grave na comunidade de vida selvagem da comunidade. Embora não existam atualmente dados suficientes que permitam quantificar os níveis de caça sustentáveis na zona, é evidente que uma campanha educativa adequada é essencial para garantir a sobrevivência dos primatas, bem como o sucesso a longo prazo da conservação da floresta comunitária de Ikot Uso Akpan. Juntamente com esta campanha, deveria também ser prestada alguma assistência no desenvolvimento de modelos económicos sustentáveis para a população local, de modo a garantir a sua subsistência. Familiarizá-los com o conceito de sustentabilidade reduziria provavelmente a probabilidade de serem atraídos pelos lucros a curto prazo, bastante atractivos, para venderem as suas terras, renunciando à oportunidade de viverem num ecossistema intacto que continua a fornecer os recursos de que necessitam.

vii.   Criar oportunidades de ecoturismo para apoiar os habitantes locais e a ciência

Com a intenção de alcançar simultaneamente objectivos de conservação e de turismo, o ecoturismo tornou-se cada vez mais popular nos últimos anos, tendo sido criados numerosos projectos bem sucedidos, que conseguem integrar parâmetros cruciais como o sucesso económico, o desenvolvimento social e humano e a sustentabilidade ambiental. A comunidade de Ikot Uso Akpan tem um enorme potencial para beneficiar de projectos de ecoturismo, uma vez que oferece incentivos convincentes: Bolsas de florestas tropicais relativamente intactas, elevada biodiversidade e endemismo, zonas remotas e populações indígenas com uma cultura fascinante. Para que os projectos de ecoturismo sejam bem sucedidos na região, é necessário encontrar locais e parceiros adequados, construir as infra-estruturas necessárias, oferecer um programa cativante (itinerário/actividades, etc.) e tratar da publicidade (propaganda). Embora os povos indígenas devam ser sempre os principais beneficiários, os respectivos projectos têm o potencial de também gerar dinheiro para a investigação científica. O habitat dos macacos da comunidade de Ikot Uso Akpan é mais facilmente acessível, proporcionando assim um excelente cenário para projectos deste tipo. Os operadores turísticos poderiam, por exemplo, incluir nos seus programas visitas de um ou dois dias ao habitat das espécies de primatas. Os turistas valorizariam a oportunidade excecional de experimentar trabalhar e viver com primatas da floresta, e o pagamento da viagem seria partilhado entre o respetivo operador turístico/comunidade e o projeto científico. Esta abordagem teria a vantagem adicional de tornar a investigação sobre os primatas, bem como o trabalho de conservação, cada vez mais acessíveis aos leigos interessados, o que poderia levar a uma maior publicidade e a um maior apoio.

REFERÊNCIAS

Aguiar, J.M. e T.E. Lacher, Jr. (2003). Sobre a distinção morfológica de *Callithrix humilis*. *Neotropical Primates* 11:11-18.

Angelici, F.M., L. Luiselli, E. Politano e G.C. Akani (1999). Bosquímanos e fauna de mamíferos: A Survey of the Mammals traded in Bushmeat Markets of Local People in the Rainforest Southeastern Nigeria. *Anthropozoologica* 30: 51-58.

Archad, F., H.D. Eva, H.J. Stibig, P. Mayaux, J. Gallego, T. Richards e J.P. Mailingreau (2002). Determination of Deforestation Rates of the World's Humid Tropical Forest. *Science* 297: 999-1002

Baker, L.R. (2005). Distribuição e estado de conservação do guenon de Sclater (Cercopithecus sclateri) no sul da Nigéria. Relatório para a Margot Marsh Biodiversity Foundation, Rufford Small Grants, Lincoln Park Zoo Department of Conservation and Science, American Society of Primatologists, Sigma Xi, National Science Foundation e Stanford Bay Area Charities. 23pp.

Baker, L.R. (2006). O guenon nigeriano no sul da Nigéria: Outlook Good or just Hanging on? Relatório não publicado para o CENSHARE, Minneapolis, MN. 21pp.

Baker, L.R. e S.O. Olubode (2008). Correlatos com a Distribuição e Abundância de Macacos de Sclater *(Cercopithecus sclateri)* em Perigo de Extinção no Sul da Nigéria. *Jornal Africano de Ecologia* 46(3): 365-373

Barry, S.C. e A.H. Welsh (2001). Distance Sampling Methodology (Metodologia de amostragem à distância). *Journal of the Royal Statistics Society.* B 63 (1): 31-35.

Bennett, E.L. (2000). Is There a Link Between Wild Meat and Food Security? *Conservation Biology* 16: 590-592.

Boinski, S., A. Treves e C.A. Chapman (2000). A Critical Evaluation of the Influence of Predators on Primates: Effects on Group Travel. In: Boinski, S. e P.A. Garber (eds.) *On the Move: How and Why Animals Travel in Groups.* University of Chicago Press, Chicago, 43-72.

Borries, C., Larney, E., Lu, A., Ossi, K. e Koenig, A. (2008). Custos do tamanho do grupo: Menores taxas de desenvolvimento e reprodução em grupos maiores de macacos-da-folha. *Behav Ecol19*:1186-1191

Bourliere, F. (1979). Parâmetros significativos de qualidade ambiental para primatas não humanos. In: Bernstein IS, Smith EO (eds) *Primate Ecology and Human Origins: Ecological Influences on Social Organization.* Nova Iorque, Garland Press, pp 23-46

Borchert, L. (1998). Respostas das árvores tropicais à sazonalidade da precipitação e às mudanças a longo prazo. *Climatic Change,* 39: 381-393.

Brockelman, W.Y. e R. Ali (1987). Methods of Surveying and Sampling Forest Primate Populations (Métodos de Levantamento e Amostragem de Populações de Primatas Florestais). In: Marsh, C.W. e Mittermeier, R.A. (eds). *Primate Conservation in the Tropical Rainforest,* Alan R. Liss, Nova Iorque, 23-62.

Buckland, S.T. (1985). Perpendicular Distance Models for Line Transect Sampling. *Biometrics* 41: 177-195.

Buckland, S.T., D.R. Anderson, K.P. Burnham e J.L. Laake (1993). *Distance Sampling: Estimating Abundance of Biological Populations.* Chapman and Hall, Londres. 134pp.

Buckland, S.T., D.R. Anderson, K.P. Burnham, J.L. Laake, D.L. Burchers, L. Thomas (2001). *Introdução à amostragem à distância: Estimating Abundance of Biological Populations (Estimativa da Abundância de Populações Biológicas).* Oxford University Press, Nova Iorque. 183pp.

Burnham, K.P., Anderson, D.R. e Laake, J.L. (1979). On the Robust Estimation from Line Transect Data. *Journal of Wildlife Management,* 43: 992-996.

Burnham, K.P., Anderson, D.R. e Laake, J.L. (1980). Estimation of Density from Line Transect Sampling of Biological Populations (Estimativa da densidade a partir da amostragem de populações biológicas por transectos de linha). *Wildlife Monographs,* 72.

Burnham, K.P., Anderson, D.R. e Laake, J.L. (1981). Line Transect Estimation of Bird Population Density Using a Fourier Series. In: Ralph, C.J e J.M. Scott (eds). *Estimating the Number of Terrestrial Birds*

(Estimativa do número de aves terrestres). Studies in Avian Biology 6: 466-482.

Butynski, T. (2002a). Conservation of the Guenons: An Overview of Status, Threats, and Recommendations. In: Glenn, C. (ed.) *The Guenons: Diversity and Adaptation in African Monkeys*. Nova Iorque: Kluwer Academic, pp. 411-415

Butynski, T. (2002b). Os Guenons: Uma visão geral da diversidade e taxonomia. In: Glenn, C. (ed.) *The Guenons: Diversity and Adaptation in African Monkeys*. Nova Iorque: Kluwer Academic, pp. 3-13

Caldecott, J.O. (1980). Habitat Quality and Populations of Two Sympatric Gibbons (Hylobatidae) on a Mountain in Malaya. *Folia Primatol* 33: 291-309

Cannon, C.H e Leighton, M. (1994). Ecologia locomotora comparativa de gibões e macacos: Seleção de Elementos de Dossel para Cruzar Lacunas. *Am J Phys Anthro* 93: 505-524

Cant, J.G.H. (1978). A census of the agouti (*Dasyprocta punctata*) in a seasonally dry forest at Tikal, Guatemala, with some comments on strip censusing. *Journal of Mammology,* 58: 688-690.

Cercopan.org (2011). Mais sobre o guenon de Sctater. http://www.cercopan.org /Primates /Guenons. Acedido em 22 de setembro de 20011.

Chapman, C.A., Chapman, L.J., Bjorndal, K.A, e Onderdonk, D.A. (2002) Application of Protein-to Fiberratios to Predict Colobine Abundance on Different Spatial Scales. *Inter J Primatol* 23: 283-310

Chapman, C.A. e J.E. Lambert (2000). Habitat Alteration and the Conservation of African Primates: A Case Study of Kibale National Park, Uganda. *American Journal of Primatology* 50: 169-185.

Chapman, C. A., Chapman, L. J., e Gillespie, T. R. (2002). Scale Issues in the Study of Primate Foraging (Questões de escala no estudo do forrageamento de primatas): Red Colobus of Kibale National Park. *American Journal of Physical Anthropology,* 117: 349-363.

Chapman, C. A., Chapman, L. J., Vulinec, K., Zanne, A., e Lawes, M. J. (2003). Fragmentação e Alteração dos Processos de Dispersão de Sementes: An Initial Evaluation of Dung Beetles, Seed Fate, and Seedling Diversity. *Biotropica,* 35: 382-393.

Chapman, C. A., Chapman, L. J., Struhsaker, T. T., Zanne, A. E., Clark, C. J., e Poulsen, J. R. (2005a). A Long-Term Evaluation of Fruit Phenology: Importance of Climate Change. *Journal of Tropical Ecology,* 21: 35-45.

Chapman, C. A., Chapman, L. J., Zanne, A. E., Poulsen, J. R., e Clark, C. J. (2005b). A 12year Phenological Record of Fruiting: Implications for Frugivore Populations and Indicators of Climate Change. In: J. L. Dew e J. P. Boubli (Eds.), *Tropical Fruits and Frugivores*. Países Baixos: Springer. pp. 75-92

Chapman, C. A., Lawes, M. J., e Eeley, H. A. C. (2006a). Que esperança para a diversidade dos primatas africanos? *Jornal Africano de Ecologia,* 44: 116-133.

Chapman, C. A., Wasserman, M. D., Gillespie, T. R., Speirs, M., Lawes, M. J., e Saj, T. L. (2006b). Do Food Availability, Parasitism, and Stress Have Synergistic Effects on Red Colobus Populations Living in Forest Fragments? *American Journal of Physical Anthropology,* 131: 525-534.

Chapman, C. A., Speirs, M. S, Gillespie, T. R., Holland, T., e Austad, K. M. (2006c). Life on The Edge: Gastrointestinal Parasites from the Forest Edge and Interior Primate Groups. *American Journal of Primatology,* 68: 397-409.

Chapman, C.A. e C.A. Peres (2001). Primate Conservation in the New Millennium: The Role of Scientists. *Evolutionary Anthropology* 10:16-33.

Cowlishaw, G. (1999). Ecological and Social Determinants of Spacing Behavior in Desert Baboon Groups (Determinantes ecológicos e sociais do comportamento de espaçamento em grupos de babuínos do deserto). *Behavioral Ecology and Sociobiology* 45: 67-77.

Cowlishaw, G. e R.I.M. Dunbar (2000). *Primate Conservation Biology*. University of Chicago Press, Chicago. 134pp.

Crump, M.L. (1971). Quantitative Analysis of the Ecological Distribution of a Tropical Herpetofuana. *Occasional Paper of the Musuem of Natural history, University of Kansas,* 3: 1-62.

Davies, A.G., Bennett, E.L. e Waterman, P.G. (1988). Food Selection by Two South-East Asian Colobine Monkeys (*Presbytis rubicunda* and *Presbytis melalophos*) in Relation to Plant Chemistry. *Biol J Linn Soc* 34: 33-56

Defler, T.R. e Pintor, P. (1985). Censando Primatas por Transecto em uma Floresta de Densidade Conhecida de Primatas. *Jornal Internacional de Primatologia* 6: 243-259.

Donohoe, M. (2003). Causes and Health Consequences of Environmental Degradation and Social Injustice (Causas e Consequências para a Saúde da Degradação Ambiental e da Injustiça Social). *Social Science and Medicine* 56(3): 573-587

Dunbar, R.I.M. (1992). Time: A Hidden Constraint on the Behavioural Ecology of Baboons (Tempo: uma restrição oculta na ecologia comportamental dos babuínos). *Behav Ecol Sociobiol* 31: 35-49

Egwali, E.C., R.P. King, E.A. Eniang e E.A.Obot (2005). Descoberta de uma nova população de guenon de Sclater *(Cercopithecus sclateri)* na zona húmida do Delta do Níger, Nigéria. *Liv. Sys. Sus. Dev.* 2(4): 1-7.

Emlen, J.T. (1971). Population Densities of Birds Derived from Transect Counts (Densidades populacionais de aves derivadas de contagens de transectos). *Auk,* 88, 323-342.

Eniang, E.A. (2001). Effect of Habitat Fragmentation on the Cross River Gorilla *(Gorrilla gorilla dehli):* Recommendations for Conservation. Relatório não publicado apresentado ao Cross River National Park, Akamkpa, Nigéria. 30pp.

Eniang, E.A. e Ebin, C.O. (2002). Utilization of Confiscated Animals by Cross River National Park to Promote *In-Situ* Biodiversity Conservation in the Rainforest of Southeastern Nigeria (Utilização de Animais Confiscados pelo Parque Nacional de Cross River para Promover a Conservação da Biodiversidade *In-Situ* na Floresta Tropical do Sudeste da Nigéria). *In*: Actas da Conferência Anual da Associação Pan-Africana de Jardins Zoológicos, Aquários e Jardins Botânicos (PAAZAB), 28th- 31[st]de maio de 2002. Joanesburgo, África do Sul. 17pp.

Essien, I. S. (2008). Estratégias de Conservação para uma Espécie de Primata Ameaçada de Extinção (*Cercopithecus sclateri*) numa Floresta Tropical Fragmentada em Itu, Estado de Akwa Ibom. Projeto de licenciatura apresentado à Universidade de Uyo, Uyo. 47pp

Ettah, U.S. (2008). Estratégias de Conservação do Gorila de Cross River (*Gorilla gorilla diehli*) no Santuário de Vida Selvagem da Montanha Afi do Estado de Cross River, Nigéria. Uma tese de mestrado não publicada apresentada à Universidade de Uyo, Uyo. 72pp.

Eves, H. E. e M. I. Bakarr 2001. Impacts of Bushmeat Hunting on Wildlife Populations in West Africa's Upper Guinea Forest Ecosystem. *In* Hunting and Bushmeat Utilization in the African Rain Forest. Washington D.C.: *Conservation International.* 14pp.

Fairgrieve, C., e Muhumuza, G. (2003). Ecologia alimentar e diferenças alimentares entre grupos de macacos-azuis *(Cercopithecus mitis stuhlmanii Matschie)* em florestas com e sem árvores, Reserva Florestal de Budongo, Uganda. *Jornal Africano de Ecologia*, 41: 141-149.

Fa, J.E. (1988). Time Budget of Rhesus Monkeys (*Macaca milatta*) in a Forest Habitat in Nepal and on Cayo Santiago. In: Southwick, C. (ed.) *Ecology and behavior of food- enhanced primate group.* Mnongraphs, Alan R. Liss, Nova Iorque. 236pp.

Fasona, M.J. e Omojola, A.S. (2005). Climate Change, Human Security and Communal Clashes in Nigeria (Alterações Climáticas, Segurança Humana e Conflitos Comunais na Nigéria). Human Security and Climate Change, An International Workshop, Asker, Noruega, Documento de Conferência Não Publicado. 13pp.

Feuntes, A. (1996). Feeding and Ranging in the Mentawai Isalnd langur *(Presbytis potenziani). International Journal of Primatology* 17(4): 525-548

Fleagle, J.G. (1999). *Primate Adaptation and Evolution.* Academic Press, San Diego. 232pp.

Freese, C.H., Heltne, P.G., Gastro, R.N. e Whitesides, G. (1980). Patterns of Determinants of Monkey Densities in Peru and Bolivia, with Notes on Distributions. *International Journal of Primatology.* 3: 53-90.

Fretwell SD, Lucas HL Jr (1969) On Territorial Behavior and other Factors Influencing Habitat Distribution in Birds (Sobre o comportamento territorial e outros factores que influenciam a distribuição do habitat nas aves). *Ata Biotheor* 19:16-36

Gadsby, E.L. (1987). Relatório Preliminar sobre o Estudo das Brocas no Sul da Nigéria. Relatório não publicado. 13pp.

Gates,C.E. (1979). Transecto de linha e questões relacionadas. In: Cormack, R.M., G.P. Patil e D.S. Robson (eds). *Sampling Biological Population.* International Co-operative Publishing House, Fairland, Marylland. pp 71-154.

Ganzhorn, J.U. (1992). Química das folhas e biomassa de primatas folívoros em florestas tropicais: Test of a Hypothesis. *Oecologia* 91: 540-547

Gautier-Hion, A. (1978). Food Niches and Co-existence in Sympatric Primates in Gabon. In: Chivers, D.J. e Herbert, C.A. (eds) *Recent Advances in Primatology.* Académico, Londres. 12pp.

Gillespie, T. R., & Chapman, C. A. (2006). Prediction of Parasite Infection Dynamics in Primate Metapopulations based on Attributes of Forest Fragmentation (Previsão da dinâmica da infeção por parasitas em metapopulações de primatas com base em atributos de fragmentação florestal). *Conservation Biology,* 20: 441-448.

Green, K.M. (1978). Censo de primatas no norte da Colômbia: A Comparison of Two Techniques. *Primates,* 19: 537-550.

Groves, C.P. (1993). Ordem Primates. *In:* Wilson, D.E e Render, D.M. (eds). *Mammalian species of the world: A taxonomic and geographic reference* (2ⁿᵈ Edition). Smithsonian Institution Press, Washington, D.C. pp 243-277.

Groves, C. 2000. A filogenia dos Cercopithecoidea. In: Whitehead, P. e C. Jolly (eds.) *Old World Monkeys.* Londres: Cambridge University Press. pp. 92-95

Grubb, P., J.F. Oates, J.T. White e Tooze, Z. (2000). Monkeys Recently Added to the Nigerian Fauna List (Macacos recentemente adicionados à lista da fauna nigeriana). *Nigerian Field* 654: 149-158.

Hacourt, A.H. e K.J. Steward (1989). Funções das alianças no concurso em grupos de gorilas selvagens. *Behavior* 109: 176-190.

Hanski, I. (1994). Um modelo prático de dinâmica metapopulacional. *Journal of Animal Ecology* 63: 151-162.

Hanski, I. e M. Gilpin (1997). Uniting Two General Patterns in the Distribution of Species (Unindo dois padrões gerais na distribuição de espécies). *Science* (Washington D.C.) 275: 397-400.

Happoid, D.C.D. (1987). *The Mammals of Nigeria (Os Mamíferos da Nigéria).* Clendon Press, Oxford. 402pp.

Hill, R.A., Lycett, J.E. e Dunbar, R.I.M. (2000). Ecological and Social Determinants of Birth Intervals in Baboons (Determinantes ecológicos e sociais dos intervalos entre partos em babuínos). *Behav Ecol* 11: 560-564.

Hill, W. (1953). *Primates: Comparative Anatomy and Taxonomy VI, Catarrhini, Cercopithecoidea.* New York: Interscience. 123pp.

Holmgren, M., Scheffer, M., Ezcurra, E., Gutierrez, J. R., e Mohrem, G. M. J. (2001). El Nino Effects on the Dynamics of Terrestrial Ecosystems (Efeitos do El Niño na Dinâmica dos Ecossistemas Terrestres). *Tendências em Ecologia e Evolução,* 16: 89-94.

Ibong, B. U. (2002). Ecologia e Conservação do Primata Guenon de Sclater (*Cercopithecus sclateri*) na Área Governamental Local de Itu do Estado de Akwa Ibom: Estrutura da população. Projeto de licenciatura apresentado à Universidade de Uyo, Uyo. 48pp.

Isabirye-Basuta, G.M. e J.S. Lwanga (2008). Populações de Primatas e as suas Interações com Habitats em Mudança. *Int J Primatol* 29:35-48

Isbell, L.A. (1991). Contest and Scramble Competition: Patterns of Female Aggression and Ranging Behavior among Primates. *Behav Ecol* 2:143-155

Iwamoto, T. e Dunbar, R.I.M. (1983). Thermoregulation, Habitat Quality and the Behavioral Ecology on Gelada Baboons. *J Anim Ecol* 52: 357-366

IUCN (2011). Lista Vermelha de Espécies Ameaçadas da UICN. Versão 2011.1. <www.iucnredlist.org>. Descarregada em 21 de setembro de 2011.

Janson, C.H., Chapman, C.A. (1999). Recursos e estrutura da comunidade de primatas. In: Fleagle, J.F., Janson, C., Reed, K.E. (eds.) *Primate Communities*. Cambridge University Press, Cambridge, pp 237-267.

Janson CH, Goldsmith ML (1995) Predicting Group Size in Primates: Foraging Costs and Predation Risks. *Behav Ecol* 6: 326-336

Johnson, D. (2002). "Tempo de vida dos primatas não humanos" (em linha). Primate Info Net. Acedido em 25 de agosto de 2004http://pin.primate.wisc.edu/aboutp/phys/lifesp an.html.

Johns, A.D. (1985). Differential Detectability of Primate between Primary and Selectively Logged Habitats and Implications for Population Surveys. *American Journal of Primatology*, 8: 31-36.

Johns, A. D. (1992). Respostas de vertebrados ao corte seletivo de árvores: Implications for the Design of Logging Systems. Philosophical Transactions of the Royal Society of London, *Biological Sciences*, 335: 437-442.

Johns, A. D., e Skorupa, J. P. (1987). Responses of Rainforest Primates to Habitat Disturbance: A Review. *International Journal of Primatology*, 8: 157-191.

Johnson, E.G. e R.D. Routledge (1985). The Line Transect Method: A Non-Parametric Estimator Based on Shape Restrictions [Um Estimador Não Paramétrico Baseado em Restrições de Forma]. *Biometrics* 41: 669-679.

Kappeler, M. (1984). O Gibão em Java. In: Preuschoft, H., Chivers, D.J., Brockelman, W.Y. e Creel, N. (eds) *The Lesser Apes: Evolutionary and Behavioural Biology*. Edinburgh University Press, Edimburgo, pp 19-31

Kasenene, J. M. (1987). The Influence of Mechanized Selective Logging, Felling Intensity, and Gap-Size on the Regeneration of Moist Tropical Forest in Kibale Forest Reserve, Uganda. Tese de doutoramento, Universidade Estatal do Michigan, East Lansing. 217pp.

Kingdon, J. (1980). The Role of Visual Signals and Face Patterns in African Forest Monkeys (Guenons) of the Genus Cercopithecus. *Transactions of the Zoological Society of London*, 35: 425-475.

Korstjens, A. H., J. Lehman, e R. I. M. Dunbar. (2010). O tempo de repouso como uma restrição ecológica na biogeografia de primatas. *Anim. Behav.* 79: 361-374.

Korstjens, A. H., Verhoeck, I. L., e Dunbar, R. I. M. (2006). O tempo como uma restrição ao tamanho do grupo em macacos-aranha. *Behavioral Ecology and Sociobiology*, 60: 683-694.

Laurence, W. F. e Williamson, G. B. (2001). Positive Feedbacks Among Forest Fragmentation, Droughts, and Climate Change in the Amazon (Reações Positivas entre Fragmentação Florestal, Secas e Mudanças Climáticas na Amazônia). *Conservation Biology*, 15:1529-1535.

Law, J. e P. Myers. (2004). *"Cercopithecus sclateri"* (em linha), Animal Diversity Web. Acedido em 16 de agosto de 2011 http://animaldiversity.ummz.umich.edu/site/accounts/information/Cercopithecus_sclateri.html.

Lawrence, W.F. (1997). Reflections on the Tropical Deforestation Crisis (Reflexões sobre a crise da desflorestação tropical). *Biological Conservation* 91: 107-119.

Lawes, M. J. (2002). Conservation of Fragmented Populations of *Cercopithecus mitis* (Conservação de populações fragmentadas de *Cercopithecus mitis*). Na África do Sul: The Role of Reintroduction, Corridors and Metapopulation Ecology (O Papel da Reintrodução, Corredores e Ecologia de Metapopulações). In: M. Glenn e M. Cords (Eds.), *The Guenons: Diversity and adaptation in African monkeys*. Nova Iorque: Kluwer Academic/Plenum Publishers. pp. 375-392

Lawes, M. J., e Chapman, C. A. (2006). A Erva *Acanthus pubescens* e/ou os Elefantes Suprimem a Regeneração de Árvores em Florestas Afrotropicais Perturbadas? Forest Ecology and Management. 221: 278-284.

Leroy, E. M., Rouquet, P., Formenty, P., Souquiere, S., Kilbourne, A. e Forment, J.M., (2004). Multiple Ebola Virus Transmission Events and Rapid Decline of Central African Wildlife (Eventos de Transmissão Múltipla do Vírus Ébola e Declínio Rápido da Vida Selvagem da África Central). *Science* 303: 387.

Lovett, J. C. e Marshall, A. R. (2006). Porque é que devemos conservar os primatas? *Jornal Africano de Ecologia* 44: 113-115.

Marshall, A.J., Cannon, C.H. e Leighton, M. (2009). Competition and Niche Overlap between Gibbons *(Hylobates albibarbis)* and Other Frugivorous Vertebrates in Gunung Palung National Park, West Kalimantan, Indonesia. In: Lappan, S. e Whittaker, D.J. (eds) *The Gibbons: New Perspectives on Small Ape Socioecology and Population Biology.* Springer, Nova Iorque, pp 161-188

McGraw, W. (2002). Diversidade do comportamento posicional do guenon. In: Glenn, C. (ed.) *The Guenons: Diversity and Adaptation in African Monkeys.* Nova Iorque: Kluwer Academic. 125 pp.

Mittermeier, R.A. (1987). Effect of Hunting on Rainforest Primates (Efeito da Caça nos Primatas da Floresta Tropical). *In:* Primate Conservation In The Tropical Rainforest. Marsh, C.W. e Mittermeier R.A. (eds.), Nova Iorque. 305-320.

McKey, D.B. (1978). Soils, Vegetation, and Seed-Eating by Black Colobus Monkeys (Solos, Vegetação e Alimentação de Sementes por Macacos Colobus Pretos). In: Montgomery, G.G. (ed) *The Ecology of Arboreal Folivores.* Smithsonian Institution Press, Washington DC, pp 423-437

Metz, H.C. (Ed.) (1992) Nigeria: A Country Study. Divisão Federal de Investigação, Biblioteca do Congresso, Washington, DC. 27pp.

Milton, K. (1979). Factors Influencing Leaf Choice by Howler Monkeys: A Test of some Hypotheses of Food Selection by Generalist Herbivores. *Am Nat* 114: 362-378

Mitani, J. C., Struhsaker, T. T., e Lwanga, J. S. (2000). Primate Community Dynamics In Old Growth Forest Over 23.5 years at Ngogo, Kibale National Park, Uganda: Implications For Conservation and Census Methods. *International Journal of Primatology* 21: 269-286.

Mittermeier, R. A., & Cheney, D. L. (1987). Conservation of Primates and their Habitats (Conservação de Primatas e seus Habitats). In: B. B. Smuts, D. L. Cheney, R. M. Seyfarth, R. W. Wrangham, e T. T. Struhsaker (Eds.), *Primate Societies.* Chicago: Chicago University Press. pp 475-490

Mittermeier, R.A., N. Myers, P.R. Gil e C.G. Mittermeier (1997). *Hotspots: Earth's Biologically Richest and Most Endangered Terrestrial Ecoregions.* Cemex, Conservation International e Agrupacion Sierra Medre, Monterrey, México. 58pp.

Myers, N., R.A. Mittermeier, R.A., C.G. Mittermeier, G.A.B. Da Fonsa e J. Kent (2000). Biodiversity Hotspost for Conservation Priorities. *Nature* 403: 853-858.

Nowak, R. (1999). *Walker's Mammals of the World, Sixth Edition.* Baltimore e Londres: The Johns Hopkins University Press. 234pp.

Nummelin, M. (1990). Relative Habitat Use of Duikers, Bush Pigs, and Elephants in Virgin and Selectively Logged Areas of Kibale Forest, Uganda. *Tropical Zoology,* 3: 111120.

Nunn, C.L. (2003). Sociality and Disease Risk: A Comparative Study of Leukocyte Counts in Primates (Socialidade e Risco de Doença: Um Estudo Comparativo da Contagem de Leucócitos em Primatas). In: De Waal, F.B.M. e Tyack, P.L. (eds) *Animal social complexity. intelligence, culture, and individualized societies.* Harvard University Press, Cambridge MA, pp 26-31

Oates, J., P. Anadu, E. Gadsby e J. Werre. (1992). Sclater's guenon: A Rare Nigerian Monkey Threatened by Deforestation" (Um macaco nigeriano raro ameaçado pela desflorestação). *National Geographic Research and Exploration,* 8(4): 476-491.

Oates, J., P. Anadu. 1989. Uma observação de campo do guenon de Sclater *(Cercopithecus sclateri* Pocock, 1904). *Folia Primatologica,* 52: 38-42, 92-96.

Oates, J.P. (1994). Os Primatas de África em 1992: Conservation Issues and Options. *American Journal of Primatology* 34: 61-71.

Oates, J.F., Bergl, R.A. e Linder, J.M. (2004) *Africa's Gulf of Guinea Forests: Biodiversity Patterns and Conservation Priorities.* Conservation International, Centro de Ciências Aplicadas à Biodiversidade, Washington, DC. 26pp.

Offiong, M. O., Udofia, S. I. e Etuk, I. M. (2011). Gestão sustentável de produtos florestais não madeireiros comestíveis (NTFPs): A Panacea for Food Production and Poverty Alleviation (Uma Panaceia para a Produção de Alimentos e Alívio da Pobreza). In: Popoola, L., K. Ogunsanwo e F. Idumah (eds). *Forestry in the Context of the Millennium Development Goals,* Proceding of the 34th Annual Conference of the Forestry Association of Nigeria held in Osogbo, Osun State, Nigeria. 1: 412-415

Okon, A. T. (2004). Ecologia e Conservação do guenon de Sclater (*Cercopithecus sclateri);* Padrão Territorial e de Percurso na Área do Governo Local de Itu do Estado de Akwa Ibom. Projeto de licenciatura apresentado à Universidade de Uyo, Uyo. 64pp.

onlinenigeria.com (2011). Estado de Akwa Ibom. www.onlinenigeria.com/Akwa+Ibom. Acedido em 28 de agosto de 2011.

Paul, J. R., Randle, A. M., Colin, A., Chapman, C. A., e Chapman, L. J. (2004). Sucessão interrompida em lacunas de exploração madeireira: O crescimento e a sobrevivência das plântulas de árvores são limitantes? *Jornal Africano de Ecologia,* 42: 245-251.

Peeters, M. (2004). Cross-Species Transmission of Simian Retroviruses in Africa and Risk for Human Health [Transmissão entre espécies de retrovírus símios em África e risco para a saúde humana]. *The Lancet* 363: 911-912.

Peres, C.A. (1990). Effect of Hunting on Western Amazonian Primate Communities (Efeito da Caça nas Comunidades de Primatas da Amazônia Ocidental). *Biological Conservation* 54: 47-59.

Peres, C.A. (1997). Estrutura da Comunidade de Primatas em Vinte Florestas Inundadas e Não Inundadas da Amazônia Ocidental. *Journal of Tropical Ecology* 13: 381-405.

Peres, C.A. (1999). General Guidelines for Standardizing Line Transect Surveys of Tropical Forest Primates. *Neotropical Primates* 7: 11-16.

Plumptre, A. J. (1996). Changes Following 60 years of Selective Timber Harvesting in the Budongo Forest Reserve, Uganda. *Forest Ecology and Management,* 89: 101-113.

Plumptre, A. J., e Reynolds, V. (1994). The Effects of Selective Logging on the Primate Populations in the Budongo Forest Reserve, Uganda. *Journal of Applied Ecology,* 31: 631-641.

Pocock, R.I. (1904) Descrição de uma nova espécie de macaco de nariz pontiagudo do género Cercopithecus. *Proc. Zool. Soc. Lond.* 1: 433-436.

Pollock, K.P. (1978). A Family of Density Estimators for Line Transect Sampling (Uma família de estimadores de densidade para amostragem por transectos lineares). *Biometrics* 34: 475-478.

Poulson, J.R., Clark, C.J., Connor, E., e Smith, T.B. (2002). Differential Resource Use By Primates and Hornbills: Implications for Seed Dispersal (Implicações para a dispersão de sementes). *Ecol* 83: 228-240

Pyke, G.H., H.R. Pulliam e E.L. Charnov (1977). Opyimal Foraging: A Selective Review of Theory and Tests. *Quarterly Review of Biology* 52(2): 137-154.

Quinn, T.J.II e Gallucci, V.F. (1980). Parametric Models for Line Transect Estimators of Abundance. *Ecology,* 61: 293-302.

Quinten, M. (2008). Levantamento da comunidade de primatas das florestas de pântano de turfa de Siberut, ilha de Mentawai, Indonésia. Dissertação de Mestrado /M.I.N.C. apresentada à Faculdade de Biologia. Georg-August Universitat Gottingen, Alemanha e Lincoln University, Nova Zelândia. 84pp.

Ralph, C.J. e J.M. Scott (eds) (1981). Estimating Numbers of Terrestrial Birds (Estimativa do número de aves terrestres). *Studies in Avian Biology* 6: 21-31.

Rand, A.S. (1964). Distribuição ecológica em lagartos anolíneos de Porto Rico. *Ecologia* 45: 745-752.

Redford, K.H. (1992). A Floresta Vazia. *Bioscience* 42: 412-422.

Revkin, A.C. (2000). *O macaco da África Ocidental está extinto, dizem os cientistas.* The Association Press, Nova Iorque. 24pp.

Robbins, M., Robbins, A., Gerald-Steklis, N. e Steklis, H. (2007). Socioecological Influences on the Reproductive Success of Female Mountain Gorillas (*Gorilla beringei beringei*). *Behav Ecol Sociobiol* 61: 919-931

Rodrigues, A.S.L., Pilgrim, J.D., Lamoreux, J.F., Hoffmann, M. e Brooks, T.M. (2003). The Value of the

IUCN Red List for Conservation (O Valor da Lista Vermelha da IUCN para a Conservação). *Trends in Ecology and Evolution* 21(2): 71-76.

Rouquet, P., Froment, J-M., Bermejo, M., Kilbourn, A., Karesh, W., Reed, P. (2005). Monitorização da mortalidade de animais selvagens e surtos humanos de Ébola, Gabão e República do Congo, 2001-2003. *Doenças Infecciosas Emergentes,* 11: 283-290.

Rowe, N. (1996). *The Pictorial Guide to Living Primates.* Poginias Press, East Hampton, Nova Iorque. 263pp.

Sharp, P. M., Shaw, G. M., e Hahn, B. H. (2004). Simian Immunodeficiency Virus Infection of Chimpanzees (Infeção do vírus da imunodeficiência símia dos chimpanzés). *Journal of Virology,* 79: 3891-3902.

Skorupa, J.P. (1987). Do Line Transect Surveys Systematically Underestimate Primate Densities in Logged Forests. *American Journal of Primatology* 13: 1-9.

Snaith, T.V. e Chapman, C.A. (2008). Red Colobus Monkeys Display Alternative Behavioral Responses to the Costs of Scramble Competition. *Behav Ecol* 19:12891296

Sodhi, N.S., L.P. Kohl, B.W. Brook e P.K.L. Ng (2004). Southeast Asian Biodiversity: An Impending Disaster. *Trends in Ecology and Evolution* 19(12): 654-660.

Southwick, C.H., Beg, M.A. e Siddiqi, M.R. (1961). A Population of Survey of Rhesus Monkey in Northern India: II. Rotas de transporte e áreas florestais. *Ecology* 42: 698-710.

Steenbeek, R. e van Schaik, C.P. (2001). Competition and Group Size in Thomas's Langurs *(Presbytis thomasi):* The Folivore Paradox Revisited. *Behav Ecol Sociobiol* 49:100-110

Sterck, E.H.M., Watts, D.P. e van Schaik, C.P. (1997). The Evolution of Female Social Relationships in Nonhuman Primates (A Evolução das Relações Sociais Femininas em Primatas Não Humanos). *Behav Ecol Sociobiol* 41: 291-309

Stewart, C. (1996). *Africa's Vanishing Wildlife.* Washington, D.C.: Smithsonian Institution Press. 86pp.

Stokes, E., Parnell, R. e Olejniczak, C. (2003). Female Dispersal and Reproductive Success in Wild Western Lowland Gorillas *(Gorilla gorilla gorilla). Behav Ecol Sociobiol* 54:329-339

Struhsaker, T.T. (2002). Guidelines for Biological Monitoring and Research in Africa's Rainforest Protected Areas. Relatório não publicado para o Centro de Ciência Aplicada à Biodiversidade, Conservation International. 55pp.

Struhsaker, T. T., Lwanga, J. S., e Kasenene, J. M. (1996). Elefantes, abate seletivo de árvores e regeneração na floresta de Kibale, Uganda. *Journal of Tropical Ecology,* 12: 45-64.

Struhsaker, T. T. (1997) *Ecology of An African Rain Forest.* Gainesville: University Press of Florida. 136pp.

Stuart, M. D., Greenspan, L. L., Glander, K. E. e Clarke, M. R. (1990). A Coprological Survey of Parasites of Wild Mantled Howling Monkeys, *Alouatta palliata palliata. Journal of Wildlife Diseases,* 26: 547-549.

Thomas, L., Buckland, S.T., Burnham, K.P., Anderson, D.R., Laake, J.L., Borchers, D.L. e Strindberg, S. (2002): *Distance sampling.* In: El-shaarawi, A.H. e Piegorsch, W.W. (eds.) *Encyclopedia of Environmetrics.* Wiley and Sons, Chichester, pp. 554552.

Toft, C.A., Rand, S.A. e Clark, M. (1992). Dinâmica populacional e recrutamento sazonal em *Bufo typhonius* e *Colostehus nubicola* (Anura). In: E.G. Leigh, Jr, A.S. Rand e D.M. Windsor (eds). *The Ecology of a Tropical Forest.* Smithsonian Institution Press, Washington, pp. 397-403.

Tooze, Z. (1994a). *Estado de conservação do guenon de Sclater, Akpugoeze, Nigéria.* Relatório não publicado da Wildlife Conservation Society, Nova Iorque. 23pp.

Tooze, Z. (1994b). *Será que Sagrado significa Seguro? Investigation of a Sacred Population of Sclater's guenon (Cercopithecus sclateri) in Southeastern Nigeria.* Relatório não publicado. 20pp.

Tooze, Z. (1995). Atualização sobre o guenon de Sclater, *Cercopithecus sclateri,* no sul da Nigéria. *African Primates,* 1(2): 38-42.

Tutin, C.E.G., L.J.T. White, E.A. William, M. Fernandez e G. McPherson (1997). Nest Building by Lowland Gorillas in the Lope Reserve, Gabão: Environmental Influences and Implications for Censusing. *International Journal of Primatology* 16(1): 53-76.

Tutin, G.E.G. (1996). Ranging and Social Structure of Lowland Gorillas in the Lope Reserve, Gabão. In: McGrew, M.C., L.H. Merchant e T. Nashida (eds.) *Great Ape Societies*. Cambridge University Press, 58-70.

Tutin, C.E.G. (1999) Fragmented Living: Behavioural Ecology of Primates in a Forest Fragmentment in the Lope Reserve, Gabão. *Primates* 40: 249-265.

Udoedu, U. E. (2004). Socio-biologia do guenon de Sclater *(Cercopithecus sclateri)* na Área do Governo Local de Itu. Projeto de licenciatura apresentado à Universidade de Uyo, Uyo. 52pp.

PNUD (2004): *EPT - Educação para Todos. Plano de Ação Global: Melhorar o apoio aos países na consecução dos objectivos da EPT.* PNUD & UNESCO, UNFPA, UNICEF, Banco Mundial.   Banco Mundial. Retrieved: 17 de março de 2008, URL: http://www.unesco.org/education/GAP/GAP_v04.pdf

Van Noordwijk, M.A. e Van Schaik, C.P. (1999). The Effects of Dominance Rank and Group Size on Female Lifetime Reproductive Success in Wild Long-tailed Macaques, *Macaca fascicularis*. *Primates* 40:105-130

Van Schaik, C.P. (1983). On the Ultimate Causes of Primate Social Systems [Sobre as causas finais dos sistemas sociais dos primatas]. *Comportamento* 85: 91-117

Van Schaik, C.P. e Janson, C.H. (2000). *Infanticide by Males And Its Implications (Infanticídio por machos e suas implicações).* Cambridge University Press, Cambridge. 15pp.

Van Schaik, C.P., S.A. Wich, S.S. Utami e K. Odum (2005). A Simple Alternative to Line Transects of Nest for Estimating Orangutan Densities. *Primates* 46: 249-254.

Vogel, G. (2003). Poderão os grandes símios ser salvos do Ébola? *Science,* 300, 1645.

Watts, D.P. (2000). Causes and Consequences of Variation in the Number of Males in Mountain Gorilla Groups (Causas e Consequências da Variação no Número de Machos em Grupos de Gorilas da Montanha). In: Kappeler, P. (ed.) *Primate males: Causes and Consequences of Variation in Group Composition (Causas e consequências da variação na composição dos grupos).* Cambridge University Press, Cambridge. 126pp.

Whitesides, G.H. (1981). *Comunidade e Ecologia Populacional de Primatas Não-Humanos na Reserva Florestal de Douala-Edea.* Tese de Mestrado não publicada, Universidade John Hopkins, Baltimore. 76pp.

Whitten, A.J. (1982). A Numerical Analysis of Tropical Rainforest Using Floristic and Structural Data and Its Application to An Analysis of Gibbon Ranging Behavior. *Journal of Ecology* 70: 249-271.

Wikipedia.org (2011). Guenon de Sclater. Acedido em 24 de setembro de 2011. http://en.wikipedia.org/wiki/Sclater%27s_Guenon.

Wilkie, D.S. e J.F. Carpenter (1999). Bushmeat Hunting in the Congo Basin (Caça à carne de animais selvagens na bacia do Congo): An Assessment of Impacts and Options for Mitigation. *Biodiversity and Conservation* 8: 927-955.

Wolfe, D. N., Switzer, W. M., Carr, J. K., Bhullar, V. B., Shanmugan, V., Tamoufe, U. (2004). Infecções por Retrovírus Simiano Naturalmente Adquiridas em Caçadores da África Central. *The Lancet* 363: 932-937.

Wrangham, R.W. (1980). Um modelo ecológico de grupos de primatas com ligações femininas. *Comportamento* 75: 262-300

WWF (1990): Cross River National Park Okwangwo Division, Developing the Park and its Support Zone. Panda House, Reino Unido. 87pp.

APÊNDICES

Apêndice 1: Estimativas de precisão para 15 censos do guenon de Sclater

CENSUS NUMBER	MEAN	STANDARD DEVIATION	95% CONFIDENCE LIMIT (CI)	CONFIDENCE LIMIT * 10	PERCENTAGE PRECISION (%)
Adult (Dry season)					
1 – 4	5.25	4.11	3.27	32.70	62.29
1 – 8	4.63	3.38	1.00	10.00	21.60
1 – 12	4.17	3.46	0.63	6.30	15.10
1 – 15	4.13	3.52	0.50	5.00	12.11
Adult (Rainy season)					
1 – 4	4.75	2.87	2.28	22.8	48.00
1 – 8	4.38	2.72	0.80	8.0	18.27
1 – 12	4.42	2.71	0.50	5.0	11.31
1 – 15	4.33	2.74	0.39	3.9	9.01
Juvenile (Dry season)					
1 – 4	1.25	1.50	1.19	11.9	95.2
1 – 8	1.25	1.39	0.41	4.1	32.8
1 – 12	1.25	1.36	0.25	2.5	20.0
1 – 15	1.26	1.33	0.19	1.9	15.1
Juvenile (Rainy season)					
1 – 4	1.5	1.29	1.03	10.3	68.67
1 – 8	1.25	1.17	0.35	3.5	28.00
1 – 12	1.42	1.17	0.22	2.2	15.49
1 – 15	1.4	1.12	0.16	1.6	11.43
Individual count (Dry season)					
1 – 4	6.5	5.45	4.33	43.3	66.62
1 – 8	5.89	4.58	1.35	13.5	22.92
1 – 12	5.42	4.68	0.86	8.6	15.87
1 – 15	5.27	4.33	0.65	6.5	12.33
Individual count (Rainy season)					
1 – 4	6.25	3.95	3.14	31.4	50.24
1 – 8	5.63	3.70	1.09	10.9	19.36
1 – 12	5.83	3.74	0.69	6.9	11.84
1 – 15	5.73	3.75	0.54	5.4	9.42
Group count (Dry season)					
1 – 4	1	0.82	0.65	6.5	65
1 – 8	1.38	0.0	0.0	0.0	0.0
1 – 12	1.25	0.62	0.11	1.1	8.8
1 – 15	1.2	0.68	0.10	1.0	8.3
Group count (Rainy season)					
1 – 4	1.25	0.5	0.40	4.0	32.00
1 – 8	1.13	0.64	0.19	1.9	16.81
1 – 12	1.17	0.72	0.13	1.3	11.11
1 – 15	1.2	0.77	0.11	1.1	9.17

Apêndice 2: Estimativas da distância entre o observador e o animal quando este é avistado pela primeira vez DISTÂNCIA (M)

DISTANCE (M)	0 – 5	6 –10	11 - 15	16 – 20	21 – 25	26 - 30	31 - 35
NO. OF SIGHTING (DRY SEASON)	-	1	2	1	4	5	3
NO. OF SIGHTING (RAINY SEASON)	1	2	3	5	3	2	2

Apêndice 3: Inventário do perfil das árvores do fragmento florestal de Okuku

ID	ESPÉCIES DE ÁRVORES	CIRCUNFERÊNCIA (CM)	DAP (CM)	ALTURA DA ÁRVORE (M)	ALTURA DO TRONCO (M)	DIRECÇÃO X/Y (M)	DIMENSÃO DA COROA (M)			
							N	S	E	W
1	*Musanga cercopioides* R.Br.	32	15.2	5.9	3.2	49.2/0.9	2.3	1.8	1.9	1.6
2	*Xylopia aethiopica* (Dunn.) A. Rich	41	16.6	8.2	7.2	35.1/1.5	3.3	2.7	2.4	3.1
3	*Rothmannia longiflora* Balisb.	41	15.3	6.2	4.4	26.4/2.1	1.9	2.3	3.1	2.6
4	*Celosía argentea* Linn.	28	12.7	7.3	6.4	28.6/4.3	2.9	1.8	2.1	0.9
5	*Anillopsis soyauxii* (Perinuey)	79	28.5	6.8	3.1	29.4/6.3	1.8	2.1	1.9	1.3
6	*Anillopsis soyauxii* (Perinuey)	67	26.8	6.3	4.9	28.9/7.2	1.3	0.7	2.1	0.9
7	*Celosia argentea* Linn.	69	27.8	8.7	6.1	36.1/18.3	0.8	0.9	3.1	2.1
8	*Berlinia grandiflora* (Vahl) Hutch	283	96.1	48.9	43.4	38.3/23.2	4.1	5.4	4.6	4.2
9	*Anillopsis soyauxii* (Perinuey)	72	27.8	5.2	6.6	47.6/21.4	2.1	2.4	1.8	2.1
10	*Autrenella congolensis* (De Wild) A. Chev.	48	26.3	10.2	7.3	32.7/39.6	3.7	2.9	3.3	3.5
11	*Celosia argentea* Linn.	42	24.1	8.4	7.6	32.7/39.6	3.1	3.4	3.6	2.9
12	*Berlinia grandiflora* (Vahl) Hutch	27	87.6	49.2	41.8	22.4/2.7	4.3	3.8	6.2	5.3
13	*Anillopsis soyauxii* (Perinuey)	69	32.5	6.3	4.5	20.8/6.3	2.0	1.8	2.6	3.2
14	*Dracena manii* (Bak.)	38	18.1	6.7	5.4	18.3/4.1	0.8	1.6	1.3	1.9
15	*Ballionoiia toxisperma* Pierre	37	16.2	5.3	3.2	10.6/3.5	1.2	1.5	1.3	1.6
16	*Berlinia grandiflora* (Vahl) Embreagem	310	112.7	24.3	19.2	8.6/2.9	6.1	5.9	4.9	6.3
17	*Berlinia grandiflora* (Vahl) Hutch	296	105.3	22.4	17.7	9.2/12.4	6.5	7.3	4.2	5.9

ID	ESPÉCIES DE ÁRVORES	CIRCUNFERÊNCIA (CM)	DAP (CM)	ALTURA DA ÁRVORE (M)	ALTURA DO TRONCO (M)	DIRECÇÃO X/Y (M)	N	S	E	W
18	*Rothmannia longiflora* Balisb.	41	24.2	5.3	3.1	11.7/16.7	3.1	2.4	3.6	2.9
19	*Spondias monbin* Linn.	38	21	4.6	3.1	12.6/17.4	2.7	1.9	2.3	2.4
20	*Anillopsis soyauxii* (Perinuey)	30	11.8	9.3	6.1	11.1/19.7	2.2	2.9	2.4	1.9
21	*Dracena manii* (Bak.)	21	8.4	5.9	2.9	6.12/14.5	1.9	1.6	1.8	2.2
22	*Musanga cercopioides* R.Br.	35	10.9	6.2	8.9	22.2/22.1	2.0	2.4	3.5	2.1
23	*Spondias monbin* Linn.	42	13.4	10.2	6.2	32.5/13.4	3.4	4.1	4.7	4.2

Apêndice 4: Inventário do perfil das árvores do fragmento florestal Ikwat 1

ID	ESPÉCIES DE ÁRVORES	CIRCUNFERÊNCIA (CM)	DAP (CM)	ALTURA DA ÁRVORE (M)	ALTURA DO TRONCO (M)	DIRECÇÃO X/Y (M)	DIMENSÃO DA COROA (M)			
							N	S	E	W
1	*Spondias mombin* Linn.	74	23.1	12.4	7.9	1.2/12.9	1.8	1.9	1.6	2.3
2	*Coelocaryon preusii* Warb.	103	34.6	18.2	12.2	1.5/13.5	2.7	2.4	3.1	3.1
3	*Coelocaryon preusii* Warb.	110	38.3	21.6	15.9	6.2/5.8	3.1	2.6	2.8	2.9
4	*Ficus thoningii* (Blume)	111	39.7	17.3	11.4	8.1/4.6	1.8	2.1	0.9	1.8
5	*Coelocaryon preusii* Warb.	59	20.5	13.1	8.5	6.4/5.1	2.1	1.9	1.3	2.3
6	*Holarrhena flouribunda* (G. Don.)	38	15.8	8.9	5.3	7.1/14.8	0.7	2.1	0.9	2.5
7	*Coelocaryon preusii* Warb.	78	25.2	12.7	7.5	6.5/18.3	1	3.9	2.9	3.4
8	*Coelocaryon preusii* Warb.	41	14.7	10.4	2.8	23.2/17.1	3.6	4.2	3.3	4.1
9	*Homalium letestui* (Pellegr.)	49	16.8	12.5	6.6	14.6/20.4	2.4	1.8	2.1	2.3
10	*Dacyodes edulis* (G. Don.)	107	31.3	12.2	7.3	16.2/3.6	2.9	3.3	3.5	3.1
11	*Spondias mombin* Linn.	82	25.6	10.4	7.3	30.6/42.6	2.4	1.9	2.1	1.8
12	*Macaranga barteri* (Muell.Arg)	93	28.6	15.8	10.6	22.4/16.7	2.8	3.4	2.3	2.9
13	*Spondias mombin* Linn.	74	25.3	12.1	6.6	15.8/20.1	1.8	2.6	3.2	2.3
14	*Ceiba pentendra* (L.) Gaerth	72	21.9	10.4	5.4	18.3/24.1	2.1	1.9	1.1	2.4
15	*Spondias mombin* Linn.	76	24.5	11.6	6.9	21.6/29.5	3.2	2.1	2.4	2.1
16	*Spondias mombin* Linn. *Homalium letestui*	83	26.6	13.9	9.2	17.2/22.9	3.3	2.8	3.2	3.7
17	(Pellegr.)	75	24.2	9.1	5.8	19.7/10.6	3.2	3.3	2.8	2.5
18	*Ceiba pentendra* (L.) Gaerth	101	31.3	15.9	9.7	11.7/16.8	2.6	3.6	1.9	2.5
19	*Homalium letestui* (Pellegr.)	83	28.5	13.8	9.9	12.6/17.4	2.4	1.9	1.8	2.4
20	*Xylopia aethopica* (Dunn.) A. Rich	76	25.8	11.3	6.1	10.1/48.7	2.2	2.9	2.4	2.2
21	*Pentaclethra macrophylla* Benth.	121	46.4	19.4	15.9	36.12/14.5	2.8	2.7	4.1	2.5

No.	Species									
22	*Ceiba pentendra* (L.) Gaerth	59	27.9	9.9	5.2	22.2/47.1	2.8	2.1	2	3.5
23	*Xylopia aethopica* (Dunn.) A. Rich	46	21.2	7.2	4.3	32.5/23.4	2.7	2.4	3.1	2.7
24	*Ceiba pentendra* (L.) Gaerth	74	28.5	8.9	4.2	46.2/21.2	1.8	1.9	1.6	2.3
25	*Dracaena manii* (Bak.)	63	24.9	10.6	7.2	25.1/28.5	2.7	2.4	3.1	3.1
26	*Pentaclethra macrophylla* Benth.	91	42.3	17.2	12.4	29.2/2.1	2.3	3.1	2.6	2.8
27	*Cinnamomum zeylanicum* (Verum.) *Ficus thoningii*	72	27.6	12.7	7.4	8.6/38.3	1.8	2.1	0.9	1.8
28	(Blume)	53	18.3	8.9	4.5	29.4/6.3	2.1	1.9	1.3	2.3
29	*Eritrina senegalensis* (DC)	36	13.4	6.6	3.4	18.9/20.2	0.7	2.1	0.9	2.5
30	*Spondias mombin* Linn.	81	38.6	15.2	9.5	21.8/19.1	3	3.4	2.9	3.4
31	*Spondias mombin* Linn.	34	12.2	5.7	2.4	23.1/17.5	1.4	1.6	1.2	1.3
32	*Newbouldia laevis* (P. Beauv.) Seeman	151	56.8	21.5	16.6	37.6/29.4	3.4	3.8	3.1	3.3
33	*Raphia hookeri* (Mann e Wendl).	27	14.1	6.5	3.3	48.1/16.6	1.9	1.3	1.5	2.1
34	*Spondias mombin* Linn.	31	15.2	8.4	5.3	45.2/18.6	2.4	1.9	2.1	1.8
35	*Eritrina senegalensis* (DC)	45	19.4	13.1	8.6	49.4/14.7	2.8	2.4	2.3	3.9
36	*Homalium letestui* (Pellegr.)	38	13.6	6.3	3.6	21.8/20.3	1.8	1.6	1.2	2.3
37	*Homalium letestui* (Pellegr.)	42	16.4	7.1	3.4	38.3/22.1	1.6	1.9	1.1	1.4
38	*Ficus thoningii* (Blume)	31	19.7	8.6	4.9	35.6/13.5	1.2	2.1	2.4	2.1
39	*Ficus thoningii* (Blume)	38	23.8	8.2	4.2	37.2/4.9	3.3	2.8	3.2	2.7
40	*Musanga cecropioides* R. Br.	42	27.2	8.7	5.8	41.7/9.6	3.2	2.3	2.8	3.5
41	*Ficus thoningii* (Blume) *Ficus thoningii*	127	56.1	19.2	13.7	31.2/3.1	3.6	3.6	3.9	2.5
42	(Blume)	38	15.2	8.5	4.9	33.1/7.4	2.4	1.9	1.8	2.4

Rauvilfia vomitoria Afzelius	43	86	26.4	13.2	9.1	20.1/3.7	2.2 2.9	2.4	2.2
Tetrapleura tetraptera (Schum. e Thonn.)	44	63	23.2	13.4	8.9	22.1/5.5	2.8 2.7	2.1	2.5
Macaranga barteri (Muell.Arg)	45	72	29.2	15.9	10.2	24.2/2.1	2.8 2.1	2	3.5
Ficus thoningii (Blume)	46	46	17.9	12.3	12.3	25.3/1.4	2.7 3.4	4.1	3.7
Ficus thoningii (Blume)	47	51	20.7	8.3	4.9	22.1/15.5	2.8 2.7	2.1	2.5
Ficus thoningii (Blume)	48	37	12.1	5.9	2.9	44.2/42.1	1.8 1.1	2	1.5
Ficus thoningii (Blume)	49	44	17.1	6.2	3.8	35.3/21.4	1.7 1.4	1.1	1.7

Apêndice 5: Inventário das árvores da floresta de Okuku e Ikwat 1

ID	ESPÉCIES DE ÁRVORES	Família	Número
1	*Musanga cercopioides* R. Br.	Cecropiaceae	3
2	*Xylopia aethiopica* (Dunn.) A. Rich	Malvaceae	2
3	*Rothmannia longiflora* Balisp.	Rubiáceas	3
4	*Celosía argentea* Linn.	Amaranthaceae	5
5	*Anillopsis soyauxii* (Peringuey)	Carabídeos	4
6	*Berlinia grandiflora* (Vahl.) Hutch	Leguminosas	1
7	*Autrenella congolensis* (De Wild) A. Chev.	Sapotáceas	1
9	*Ballionoiia toxisperma* Pierre	Sapotáceas	1
10	*Spondias monbin* Linn.	Anacardiaceae	10
11	*Coelocaryon preusii* Warb.	Myristicaceae	5
12	*Ficus thoningii* Blume	Moráceas	10
13	*Holarrhena floribunda* (G. Don) Dur e Schinz	Apocináceas	1
14	*Homalium letestui* Pellegr.	Flacourtiaceae	5
15	*Dacryodes edulis* (G. Don) H.J. Lam	Burseraceae	1
16	*Macaranga barteri* Muell. Arg	Euphorbiaceae	2
17	*Pentaclethra macrophylla* Benth.	Fabáceas	4
18	*Ceiba pentandra* (L.) Gaerth	Malvaceae	2
19	*Dracaena manii* (Bak.)	Dracaenaceae	1
20	*Cinnamomum zeylanicum* Verum	Lauraceae	1
21	*Erythrina senegalensis* DC	Leguminosas	2
22	*Newbouldia laevis* (P. Beauv.) Seeman	Bignoniaceae	1
23	*Raphia hookeri* (Mann e Wendl.)	Palmae	1
24	*Rauvolfia vomitoria* Afzelius	Apocináceas	1
25	*Tetrapleura tetraptera* (Schum. e Thom.)	Fabáceas	1

Placa 3: Exploração florestal em Ikwat 1 fragmento (1)

Placa 4: Corte de madeira em Ikwat 1 fragmento (2)

Placa 5: Corte de madeira em Ikwat 1 fragmento (3)

Placa 6: Cepo de exploração madeireira no fragmento de Okuku

Placa 7: O monte sagrado em Ikwat 1

Placa 8: O investigador mede o diâmetro de uma espécie de árvore

Placa 9: Local de dormida do guenon de Sclater

Placa 10: Assistente de campo durante a demarcação das parcelas de amostragem

Placa 11: Uma plantação de seringueiras na área de estudo

Printed by Books on Demand GmbH, Norderstedt / Germany